U0618548

建筑百科大世界丛书

楼阁建筑

谢宇　主编

花山文艺出版社

河北·石家庄

图书在版编目（CIP）数据

楼阁建筑 / 谢宇主编. -- 石家庄：花山文艺出版社，2013.4（2022.3重印）

（建筑百科大世界丛书）

ISBN 978-7-5511-0884-3

Ⅰ.①楼… Ⅱ.①谢… Ⅲ. ①楼阁－建筑艺术－世界－青年读物②楼阁－建筑艺术－世界－少年读物 Ⅳ.①TU-098.2

中国版本图书馆CIP数据核字(2013)第080915号

丛 书 名：建筑百科大世界丛书
书 　 名：楼阁建筑
主 　 编：谢 宇
责任编辑：冯 锦
封面设计：慧敏书装
美术编辑：胡彤亮
出版发行：花山文艺出版社（邮政编码：050061）
　　　　　（河北省石家庄市友谊北大街 330号）
销售热线：0311-88643221
传 　 真：0311-88643234
印 　 刷：北京一鑫印务有限责任公司
经 　 销：新华书店
开 　 本：880×1230　1/16
印 　 张：10
字 　 数：151千字
版 　 次：2013年5月第1版
　　　　　2022年3月第2次印刷
书 　 号：ISBN 978-7-5511-0884-3
定 　 价：38.00元

（版权所有　翻印必究·印装有误　负责调换）

编 委 会 名 单

主　　编　谢　宇

副 主 编　裴　华　刘亚飞　方　颖

编　　委　李　翠　朱　进　章　华　郑富英　冷艳燕

　　　　　吕凤涛　魏献波　王　俊　王丽梅　徐　伟

　　　　　许仁倩　晏　丽　于承良　于亚南　张　娇

　　　　　张　淼　郑立山　邹德剑　邹锦江　陈　宏

　　　　　汪建林　刘鸿涛　卢立东　黄静华　刘超英

　　　　　刘亚辉　袁　玫　张　军　董　萍　鞠玲霞

　　　　　吕秀芳　何国松　刘迎春　杨　涛　段洪刚

　　　　　张廷廷　刘瑞祥　李世杰　郑小玲　马　楠

▓ 前 言 ▓

　　建筑是指人们用土、石、木、玻璃、钢等一切可以利用的材料，经过建造者的设计和构思，精心建造的构筑物。建筑的目的是获得建筑所形成的能够供人们居住的"空间"，建筑被称作"凝固的音乐""石头史书"。

　　在漫长的历史长河中留存下来的建筑不仅具有一种古典美，而且其独特的面貌和特征更让人遥想其曾经的功用和辉煌。不同时期、不同地域的建筑各具特色，我国的古代建筑种类繁多，如宫殿、陵园、寺院、宫观、园林、桥梁、塔刹等；现代建筑则以钢筋混凝土结构为主，并且具有色彩明快、结构简洁、科技含量高等特点。

　　建筑不仅给了我们生活、居住的空间，还带给了我们美的享受。在对古代建筑进行全面了解的过程中，你还将感受古人的智慧，领略古人的创举。

　　"建筑百科大世界丛书"分为《宫殿建筑》《楼阁建筑》《民居建筑》《陵墓建筑》《园林建筑》《桥梁建筑》《现代建筑》《建筑趣话》八本。丛书分门别类地对不同时期的不同建筑形式做了详细介绍，比如统一六国的秦始皇所居住的宫殿咸阳宫、隋朝匠人李春设计的赵州桥、古代帝王为自己驾崩后修建的"地下王宫"等，内容丰富，涵盖面广，语言简洁，并且还穿插有大量生动有趣的"小故事"版块，新颖别致。书中的图片都是经过精心筛选的，可以让读者近距离地感受建筑的形态及其所展现出来的魅力。打开书本，展现在你眼前的将是一个神奇与美妙并存的建筑王国！

　　丛书融科学性、知识性和趣味性于一体，不仅能让读者学到更多的知识，还能培养他们对建筑这门学科的兴趣和认真思考的能力。

丛书编委会

2013年4月

目 录

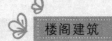

结构奇巧的楼阁建筑

　　自古以来，楼一直是人类的居住场所。中国古建筑历史悠久，且包藏很多谜团，吸引着人们不断对其进行研究探索。从古至今，楼阁这种建筑形式历经了无数个朝代，从简朴到烦琐，从单一到群体，都显示了楼阁是建造庭院必不可少的要素。

　　五千多年古老的中华文化灿烂而悠远，陶瓷、青铜、四大发明等都是其经典的代表，中国的建筑也是中国人引以为豪的中华文明的象征。中国自古就使用木材造院建宅。不同的地域、血统、人文、气候以及由于时间的推移而养成的不同习惯，使得各自的民族分别用不同的方法来表达自身的审美观念。建筑更是这样，它是人们每天居住的地方，人们建造它，它同时也在不断影响着人们，因此中国古代的建筑场所虽然在不同的朝代各有特色，但其精髓却是一脉相承的。

　　以木构架为主的中国古代建筑，包括宫殿坛庙、宅园民居、寺庙道观、祠堂陵墓等。木构架建筑技术体系完备，独树一帜。因此，我国古代建筑在艺术与技术两方面均具有独特的成就，享誉世界。

　　楼阁是两层以上金碧辉煌的高大建筑，可以供游人登高远望，休息观景；还可以用来藏书供佛，悬挂钟鼓。在我国，著名的楼阁有很多，如临近大海的山

东蓬莱阁、北京颐和园的佛香阁、江西的滕王阁、湖南的岳阳楼、湖北的黄鹤楼等。

古往今来，历朝历代，上至真命天子，下到州官县府，都喜欢修建楼阁。中国古代的楼阁，或用来纪念大事、或用来宣扬政绩、或用来镇妖伏魔、或用来求神拜佛，其中又以湖北武汉黄鹤楼、湖南岳阳岳阳楼、江西南昌滕王阁最为著名，并称为"中国三大名楼"。

中国古代多在临水之地建楼，取凭高远眺、极目无穷之妙。达官显贵、文人墨客登楼一游，或会访四方之客，或酬唱应和之曲，放悲声，抒情怀，低吟浅唱，壮怀激烈，皆可乘兴而来，尽兴而去。故中国历代名楼皆有名诗佳作千古传唱。三大名楼能够享誉海内外，是和文人墨客、迁客骚人的文化活动分不开的。范仲淹的《岳阳楼记》、王勃的《滕王阁序》、崔颢的《黄鹤楼》在成为千古绝唱的同时，三大文化名楼的盛名也就随之传开了。

楼阁是我国古代的一种传统建筑，"楼，重房也"；"阁，楼也"。意思就是说，楼阁一般都是两层或两层以上的建筑，且都以木质为主要建筑材料。在我国古代，不管是佛、道、儒这些宗教门派，还是皇家贵族，都把楼阁看作是神圣、尊贵和威严的象征。在修建的众多楼阁中用于观景、赏景的很多，分布也很广，南方有，北方也有，但以南方居多。这些楼阁一般临水而建，波光粼粼，湖光山色，景色秀美。所以，它们也是文人雅士们的汇聚之所，许多文学名篇因这些楼阁而诞生，而这些楼阁也因这些文章的流传而声名远扬。

沈阳文溯阁

沈阳故宫院内的文溯阁之所以名扬四海，不仅仅因为它的建筑形态别具一格，而且因为它是闻名于世的《四库全书》的珍藏之所，也是建在宫廷中的最大的一所图书馆。

文溯阁位于辽宁沈阳故宫之西，修建于乾隆四十七年（1782），专为存放《文溯阁四库全书》，另有《古今图书集成》存于阁内。据说，文溯阁是七阁中藏书最完整而散失较早的一阁，1966年10月，为妥善保存这套《四库全书》，国家有关部门决定将其调至气候干燥、冷热适宜的兰州，由甘肃省图书馆保管。

文溯阁是沈阳故宫西路的主体建筑，建筑形式仿照浙江宁波的天一阁，面阔六间，二楼三层重檐硬山式，前后出廊，上边盖黑色琉璃瓦加绿剪边，前后廊檐柱都装饰有绿色的地仗。所有的门、窗、柱都被漆成绿色，外檐彩画也以蓝、绿、白相间的冷色调为主，这与其他宫殿以红金为主的外檐彩饰迥然不同。其彩绘题材也不同于宫殿中常见的行龙飞凤，而是以"白马献书""翰墨卷册"等与藏书楼功用相谐的图案，给人以古雅清新之感。采用黑色琉璃瓦为顶，主要是为了使整座建筑的外观风格相统一。

文溯阁后面，有抄手殿廊连接着仰熙斋，斋后为九间房，其中有芍药园、梧桐院等，这是乾隆皇帝"东巡"时的读书之所。纵观整个西路格局，院落层次清晰，套院相接而不乱，花草树木点缀其间，的确是读书作画的理想"仙界"。

沈阳故宫凤凰楼

　　凤凰楼，又名"翔凤楼"，位于沈阳故宫崇政殿北首，是清宁宫的门楼，也是当时盛京（今沈阳）城内最高的建筑物。

　　凤凰楼建于天聪元年（1627），共有三层，建造在4米高的青砖台基上，三滴水歇山式围廊，顶铺黄琉璃瓦，镶绿剪边。此楼为盛京最高建筑，故成为《盛京八景》之一，有"凤楼晓日""凤楼观塔"等名称。凤凰楼上藏有乾隆御笔亲题的"紫气东来"匾。

　　作为沈阳故宫建筑群主体之一的凤凰楼，至今仍保存着总面积为1270.65平方米的古代彩绘，其中凤凰楼外檐彩绘以贴金绘制的行龙、升龙、降龙等为主题，以青绿色调为主体；内檐彩绘为苏式彩绘，以大红为底色。整个彩绘富丽堂皇，极富皇家气派。

河北张家口清远楼

在古城宣化正中，有一座气势雄伟、造型别致、结构精巧的高大古楼，它就是被人们誉为"第二黄鹤楼"的宣化清远楼。清远楼，又名"钟楼"，始建于明成化十八年（1482），全楼高25米，是一座重檐多角十字脊歇山顶的高大建筑。楼建在8米高的十字券洞上，南与昌平，北与广灵，东与安定，西与大新四门通衢。楼内悬有明嘉靖十八年（1539）铸造的"宣府镇城钟"一口，高2.5米，口径为1.7米，重约万斤，用四根通天柱架于楼体上层中央。钟声悠扬洪亮，可传40余里，颇负盛名，故清远楼又俗称"钟楼"。清远楼的建筑风格独特，为我国古代建筑的精品，现为全国重点文物保护单位。

清远楼与城内镇朔楼、拱极楼成一轴线。券洞内500年前的铁轮车辙明显可见。从楼外看去有3层，里面实际为2层，通高25米，楼阁高17米，为三开间，六塔椽，前后明间出抱厦，四周有游廊，支立24根粗大廊柱。上檐为绿色

琉璃瓦顶，腰檐、下檐为布瓦顶。梁架斗拱精巧秀丽，循角飞翘，生机盎然。楼上层檐下，悬挂4块匾额，南曰"清远楼"，北曰"声通天籁"，东曰"耸峙严疆"，西曰"震靖边氛"。该楼造型别致，结构精巧，可与武汉黄鹤楼相媲美，在国内同类型中较罕见。该楼建筑

形态独具一格，为我国古代精美的艺术建筑之一。

从清远楼的正上方向下看，在7.5米高的青瓦堆积的底座上，有17米高的楼身很像十字形的建筑物。楼台底座开有东西南北四个左右对称的拱形城门。清远楼高三层，楼顶采用歇山式屋檐构造，整楼皆用青瓦、木材建成。楼上有五间开间房，三间进深房，四周设一环形走廊。楼檐是由堪称工艺品的梁、柱以"升"字形支撑，所以檐角那中国传统建筑式样的反翘，至今看上去仍会使人联想到腾空而起的情形。日本的建筑大师伊东忠太博士曾著书《东方的建筑史研究》，称赞清远楼采用的建筑技术与手法乃世上绝无仅有。恰恰是由于其结构技法的卓越之美，故清远楼又被后人称为"第二个黄鹤楼"。

明朱元璋第十九子曾在清远楼西侧建上谷王府，屯兵以御外敌。1744年，乾隆皇帝北巡路过宣化府，投白银10万两重修清远楼。1900年，八国联军入侵宣化，义和团首领大阿吾曾在清远楼鸣钟聚义，率众设伏于城北烟筒山处，痛击联军，杀死德军指挥官约克上校。"文革"期间，清远楼遭受严重破坏。1986年，文化部主持进行了对清远楼的全面修复。修复后的清远楼碧瓦青砖，金龙玉兽傲首长空，飞檐翘角，宏宇轩昂，廊柱斗拱，披红挂翠，雕梁画栋，富丽堂皇。古钟高悬，风铃叮当，显得古朴、典雅、雄伟、壮观。1988年，清远楼被列为全国重点文物保护单位。

清远楼建筑独特，造型精美且别具一格，全国罕见。这一珍贵的历史文物，是中国杰出的古代建筑艺术佳作之一，具有较高的建筑艺术价值，对研究中国古代建筑史有着重要作用。

河北山海关澄海楼

　　澄海楼，又名知圣楼，坐落在河北省秦皇岛市山海关地区，位于燕山山脉的支脉松岭入海处的冈阜上，气势十分雄伟。澄海楼和它所在的宁海城、老龙城一起，构成了一组军事防御工程，通过长城的城墙与山海关关城相连，成为山海关军事防御体系中一个重要的组成部分，战略地位险要，历来为兵家所重视。同时，澄海楼也是山海关老龙头景区的主要景点，是万里长城东部起点上的第一座城楼，坐落在距山海关城南5千米的入海处老龙头上。湮没多年的观海名胜澄海楼最近重新修复，并向游人开放。

　　澄海楼的前身为明朝初年修建的观海亭，明万历三十九年（1611），兵部主事将观海亭扩建为澄海楼。"澄海"即"大海澄清，海不扬波"，象征圣人治国，天下太平。它矗立在地势险峻的老龙头上，背山面海，依照明式大木架结构建造。九脊歇山式，二滴水明式建筑，外设围栏，内设桌椅。登楼远眺，

波涛汹涌，云水茫茫，极为壮观。楼上悬有乾隆御笔亲书的"澄海楼"和明代大学士孙承宗题写的"雄襟万里"匾额。

　　登上老龙头的澄海楼俯身下望"入海石城"吞吐海浪，激起飞涛如雪；极目远眺，海天一色，巨浪奔涌，气吞海岳，使人心旌大开，豪情满怀。更为奇特的是，有时海面上风号雷吼，浊浪排空，岸上风声阵阵，木摇草伏，而登上澄海楼观海的人却丝毫也感觉不到喧嚣，心里只有宁静，这便是闻名古今的"海亭风静"胜景。传说夜间登楼还有可能欣赏到"沧海明珠"的奇观。夜深人静之时，澄海楼对面的大海上，会忽然间群星璀璨，光芒四射，犹如出现了一个闪烁的灯市，五彩纷呈，令人陶醉。据说这是因为老龙头一带海里盛产大蚌，众多大蚌在张嘴时露出腹中的珍珠，就形成了这种不可多见的奇景。澄海楼前有一块古碑，高2.65米，宽0.7米，上面只有赫然四个大字："天开海岳"，字体浑厚古朴，遒劲苍郁。这四个字将老龙头一带海阔天高、山岩耸峙的气势描绘得淋漓尽致。传说这是唐代名将薛仁贵当年东征高丽时所立。1900年，八国联军侵略山海关时，澄海楼毁于一炬，仅存"天开海岳"碑，不久，这块石碑又被英国军队挖弹药库时推倒。1927年，张学良将军到老龙头浴场游泳，发现了这块石碑才命人将它重新树立起来。

河北正定隆兴寺大悲阁

　　大悲阁，又名佛香阁、天宁阁，坐落在河北省正定县隆兴寺内。大悲阁是寺内的主体建筑之一，高33米，五檐三层，面阔七间，深五间，歇山顶，上盖绿琉璃瓦，外形庄严端正。北宋开宝四年（971），宋太祖驻跸正定，于七月在隆兴寺建大悲阁，并在阁内修建了铜铸的大悲菩萨像。

　　铜佛有42只手臂，故又名"千手千眼观音"，通高22米余，下有2.2米高的石须弥座，是我国现存铜像中最高的一座。像体纤细颀长，比例匀称，衣饰流畅，腰部以下尤佳，具有浓郁的宋代艺术风格。须弥座的上方，壶门内刻有

纹饰图案、伎乐、飞天、盘龙等精美的宋代雕刻。阁内有楼梯可直达顶层，便于人们纵览正定古城风光。正定大铜佛和沧州狮子、定州塔、赵州桥一起被誉为"河北四宝"。

　　隆兴寺中的最后一个大殿是毗卢殿，建于明万历年间。殿有铜铸多层毗卢佛像。毗卢伸缩整体分为三层，每层由四尊铜佛像相连接，三个莲花座的每一莲瓣上刻一个小佛，三层共计有大小佛像十几尊。人们称之为"千佛墩"。"千佛墩"上的小佛表情各异，是国内佛教艺术中的珍品。隆兴寺还有一块珍贵的隋碑——龙藏寺碑。

河北承德普宁寺大乘之阁

大乘之阁，又名三阳楼。因人们希望得道发财，取三阳开泰的意思，于是又把这座楼叫作三阳楼。

大乘之阁坐落在河北省承德市避暑山庄东门外北侧1500米处的普宁寺内。这是普宁寺的主体建筑，也是全国一座著名的古代楼阁式建筑物。这座楼阁式建筑不但具有重大的建筑价值，同时还具有重大的历史价值和文化价值。大乘之阁和它周围的建筑，形象地再现了藏传佛教的宇宙观，表现了藏传佛教对世界的看法。阁中的木雕观音菩萨像，不但体量高大，而且雕刻精细，是我国古代佛教文物中的珍品。

据记载，大乘之阁和它所在的普宁寺兴建于清朝乾隆二十年（1755），距今已有200多年的历史。乾隆年间，在清兵平息了蒙古准噶尔部的叛乱，都尔伯特等四部蒙古族归顺中央之后，为了纪念这次重大的历史事件而修建了这一组大型古典

建筑。

大乘之阁是一座高大的木结构楼阁式建筑，高36.65米。从外观上看，前面六层，后面四层，左、右两面各有五层。在第五层的四个角上，各建有一个四角攒尖式的屋顶，上置鎏金铜宝顶。在第六层的正中，又修有一个四角攒尖式的屋顶，顶上同样安有一个鎏金铜宝顶。这五个四角攒尖式的屋顶上都铺着黄色琉璃瓦。它们和鎏金铜宝顶一起，在阳光的照耀下，熠熠闪光。这五个攒尖顶构成了一个立体的曼陀罗。这是藏传佛教建筑的特有形式。

在大乘之阁的前面，悬挂着一块匾。匾上用汉、满、蒙、藏四种文字书写

着"大乘之阁"的字样。

大乘之阁由24根大木柱支撑。柱梁相连，斗拱支撑，既结实牢固，又具有很强的抗震能力。

从阁的外形上看，虽然各面的层数并不相同，但阁内却只有三层，而且由下到上，逐层收缩。第二层和第三层为回廊，中间形成一个空井，供奉木雕观音菩萨像。

大乘之阁修建在一个石台基上。周围有石栏杆围绕着，前面有三座台阶。中间的一座刻着双龙戏珠的图案，这是御道；两边的石台阶才是其他人员的通道。

河北承德避暑山庄烟雨楼

　　避暑山庄烟雨楼位于河北省承德市，居于如意洲的东北、热河泉的西南，是山庄中一处重要的景点。避暑山庄烟雨楼于乾隆四十五年（1780）动工，四十六年（1781）竣工。

　　烟雨楼位于避暑山庄如意洲之北的青莲岛上。楼自南向北，前为门殿，后有楼两层，红柱青瓦，面阔五间，进深二间，单檐，四周有廊。上层中间悬有乾隆御书"烟雨楼"匾额。楼东为青阳书屋，是皇帝读书的地方，楼西为对山齐，两者均三间，楼、斋、书屋之间有游廊连通，自成精致的院落。东北为一座八角轩亭，东南为一座四角方亭，西南叠石为山，山上有六角凉亭，名"翼亭"，山下洞穴迂回，可沿石磴盘旋而上，也可穿过嵌空的六孔石洞，出日嘉门，到烟雨楼。烟雨楼为澄湖视高点，凭栏远望，万树园、热河泉、永佑寺等一览无余。夏、秋时湖中荷莲争妍，湖上雾气漫漫，状若烟云，别有一番景色。

　　乾隆皇帝赋诗道："最宜雨态烟

容处，无碍天高地广文。却胜
南巡凭赏者，平湖风递芍荷
香。"山庄秀美的湖光山色，
众多的琼楼玉宇，吸引了电
影、电视剧的导演们把山庄作
为拍摄基地，轰动全国的电视
剧《还珠格格》就是在此拍
摄的。

小故事

　　1921年7月，中国共产党第一次代表大会在上海望志秘密召开，由于巡警的搜查，中途被迫转移到嘉兴南湖一艘游船上继续举行。毛泽东、董必武、陈潭秋、何叔衡、王尽美、邓恩铭、李达等13位代表出席了会议，通过了中国共产党第一个党纲，选举了党的中央领导机关。南湖和这艘游船，从此被载入了中国革命的史册。1959年，嘉兴市依据历史资料，并经董必武同志亲自审定，在南湖烟雨楼前仿制了召开"一大"时的游船供游人参观。船长16米，宽3米，中舱是当年开会的地方，中间置八仙桌一张，桌上有茶具，四周是靠背椅子和茶几，前舱搭有凉棚，后舱设有床榻，船尾还陈放着菜橱、炉灶等物。这些物品和陈设均仿照当年旧貌。

北京故宫文渊阁

北京故宫文渊阁为清宫藏书楼，于乾隆四十一年（1776）建成。乾隆三十八年（1773），皇帝下诏开设"四库全书馆"，编纂《四库全书》。乾隆三十九年（1774）下诏兴建藏书楼，命于文华殿后规划适宜方位，创建文渊阁，用于专藏《四库全书》。

文渊阁位于北京市故宫东华门内文华殿后，坐北朝南，阁制仿浙江宁波范氏天一阁。从外面看上去只有上下两层，实际上在腰檐处设有暗层，面阔六间，西尽间设楼梯连通上下。两山墙青砖砌筑直至屋顶，简洁素雅。黑色琉璃瓦顶，绿色琉璃瓦剪边，寓意黑色主水，以水压火，以保藏书楼的安全。阁的前廊设回纹栏杆，檐下倒挂楣子，别有绿色檐柱和清新悦目的苏式彩画，使之更具园林建筑风格。阁前凿一方池，引金水河水流入，池上架一石桥，石桥和池子四周栏板都雕有水生动物图案，灵秀精美。阁后湖石堆砌成山，势如屏障，其间植以松柏，历时200余年，苍劲挺拔，郁郁葱葱。阁的东侧建有一座碑亭，盝顶黄琉璃瓦，造型独特。亭内立石碑一通，正面镌刻有乾隆皇帝撰写的《文渊阁记》，背面刻有文渊阁赐宴御制诗。

作为皇家藏书重地，尤其是紫禁城中专门用于收藏《四库全书》的藏书阁，乾隆帝还特别从文化上赋予了文渊阁不同寻常

的深层含义。鉴于《四库全书》是一部汇集历代典籍精粹、囊括传统文化精华的历史上最大规模的丛书，乾隆帝专门为建造在宫廷禁地和皇家苑囿的四座藏书阁命名，除宫中的文渊阁沿袭明代旧称外，其他三阁分别命名为文源、文津、文溯。此即"四阁之名，皆冠以文。而若渊、若源、若津、若溯，皆从水以立义者，盖取范氏天一阁之为"。也就是说，以文渊阁为代表的内廷四阁之名，皆取法天一阁，体现了以水克火的理念。然而，不仅如此，更为重要的是，乾隆帝还"以水喻文"，进一步阐发了四阁命名的文化意蕴。在乾隆帝看来，博大精深、源远流长的传统文化，如同浩瀚的江河之水，经史子集各为其中的渊源流派。他说："文之时义大矣哉！以经世，以载道，以立言，以牖民，自开辟以至于今，所谓天之未丧斯文也。以水喻之，则经者文之源也，史者文之流也，子者文之支也，集者文之派也。派也、支也、流也，皆自源而分，集也、子也、史也，皆自经而出。故吾于贮四库之书，首重者经。而以水喻文，愿溯其源。"因此，四阁的命名不仅体现了古代典籍知识的浩瀚丰富和传统文化的博大精深，还提醒人们要善于追根溯源，找到读书治学的途径与方法。乾隆帝说："盖渊即源也，有源必有流，支派于是乎分焉。欲从支派寻流以溯其源，必先在乎知其津。弗知津，则蹚迷途而失正路，断港之讥有弗免矣。"由此而言，文渊阁的名称虽然沿袭明代，但其深层次的文化意蕴，却得益于乾隆帝的重视和阐发，更渊源于中国古代丰富的典籍与灿烂的文化。

北京颐和园佛香阁

佛香阁是颐和园的主体建筑，建筑在万寿山前高21米的方形台基上，南对昆明湖，背靠智慧海，以它为中心的各建筑群严整而对称地向两翼展开，形成众星捧月之势，气势相当宏伟。佛香阁高40米，八面三层四重檐，阁内有八根巨大的铁梨木擎天柱，结构相当复杂，为古代建筑中的精品。

佛香阁是一座宏伟的塔式宗教建筑，为颐和园建筑布局的中心。"佛香"二字来源于佛教对佛的歌颂。该阁形态结构仿杭州六和塔，兴建在20米的石造台基上，八面三层四重檐。阁高41米，内有八根铁梨木大柱，直贯顶部，下有20米高的石台基。阁上层榜曰"式延风教"，中层榜曰"气象昭回"，下层榜曰"云外天香"，阁名"佛香阁"。内供接引佛，每月望朔之日，慈禧太后便会在此烧香礼佛。

佛香阁结构复杂，独具匠心，高台矗立，气势磅礴。它将东边的圆明园、畅春园，西边的静明园、静宜园以及万寿山周边十几里以内的优美风景提携于周围，把当时的"三山五园"巧妙地融合为一体，使之成为一个大型皇家园林风景区。据说这座巨大的建筑物被英法联军烧毁后，于1891年花费巨额资金重建，是颐和园最大的工程项目。登上佛香阁，周围数十里的景色尽收眼底。

北京颐和园宝云阁

　　宝云阁位于北京颐和园万寿山佛香阁景区的西侧，建于清乾隆二十年（1755），俗称"铜殿"或"铜亭"。阁通高7.55米，重约207吨。外形仿照木结构建筑的样式，重檐歇山顶。不仅是殿构件柱、梁、椽、瓦、脊吻兽，连匾额等都像木结构。通体呈蟹青冷古铜色，坐落在一个汉白玉雕砌的须弥座上。

　　宝云阁内原有铜铸佛像，清咸丰十年（1860），英法联军火焚清漪园，铜亭虽幸免于难，但亭内的陈设却被掳掠一空，铜制门窗也遭到严重破坏。直到1993年才最终由美国工商保险公司董事长格林伯格出资51.5万美元将十扇铜窗购买回来，无偿赠还颐和园，后经多方努力，终于恢复了宝云阁的完整形象。亭内现存一张铜铸供桌，重约2吨，曾被侵华日军抢去，直到1945年日本宣布无条件投降时，才从天津追回，放归原处。

　　在这稀世铜阁的内壁上，镌刻着四个人的名字：杨国柱、张成、韩忠、高永固，可能是此铜阁的铸造人。这个铜阁是采用失蜡法熔模铸造的。这种铸造法是我国古代三大铸造技术之一。据考证，这种铸造法最早始于春秋战国时期。唐、宋以后，有了较大发展，成为普通应用的一种铸造技术。随着失蜡铸造的日益发展，元代设立了失蜡局，专管失蜡铸造。到了清朝，内务府造办等处也设有专职失蜡工匠，铜阁内刻的这四个名字，极有可能是专职的失蜡工匠。铸造时，工匠们要先将铜阁的各种大小构件分别铸造出来，然后再将各种构件连铸在一起，成为一个整体铜阁。铸成这样一座宏丽奇特的铜阁，在我国熔模铸造史上是一项突出的成就。

　　铜阁建成后，乾隆皇帝在阁前的牌坊上，书写了"侧峰横岭圣来参"的诗句。在自此以后的清朝统治时期，西藏喇嘛到达北京，常来这里念经祈祷，举行参拜仪式。阁后石壁上高约10米的周边莲框，就是诵经时悬挂佛像用的。石壁上方的高阁叫作"五方阁"。五方是佛家用语"五方色"。按照佛教密宗的说法："东方青、南方赤、西方白、北方黑、中央黄"。

　　到颐和园游览的国内外游客，每每只顾尽情欣赏皇家园林的秀丽景色，却不知道在万寿山上还有这样一座"金殿"建筑杰作，实在有些可惜。

北京紫禁城角楼

　　紫禁城角楼位于北京故宫博物院西面，是由四面凸字形平面组合而成的多角建筑，屋顶有三层，上层是纵横搭交的欧山顶，由两坡流水的悬山顶与四面坡的庞殿组合而成，因这种屋顶上有九条主要屋脊，所以被称做"九脊殿"。中层采用"勾连搭"的方法，用四面抱厦的歇山顶环拱中心的屋顶，犹如众星拱月。下层檐为一环半坡顶的腰檐，使上两层的五个屋顶形成一个复合式的整体。由于角楼的各部分比例协调，檐角秀丽，造型玲珑别致，因此成为紫禁城的标志，使人惊奇、赞叹与敬仰。

　　紫禁城角楼共有四座，分别坐落在明、清皇宫——北京紫禁城的东、南、西、北四个角上。这四座角楼，由于结构奇特、外形美观、装饰绚丽，被人们称为"9梁、18柱、72脊"，是我国古代建筑中的珍品。紫禁城角楼建成于明永乐十八年（1420），清代重修。角楼是紫禁城城池的一部分，它与城垣、城门楼及护城河同属于皇宫的防卫设施。

角楼坐落在须弥座之上，周边绕以石栏。中为方亭式，面阔进深各三间，每面8.73米，四面明间各加抱厦一间，靠近城垣外侧两面地势局促，故抱厦进深仅为1.6米，而城垣内侧的两面地势较开阔，抱厦进深加大为3.98米，平面成为中点交叉的十字形，蕴含着曲尺楼的意匠，使得角楼与城垣这两个截然不同的建筑形体，取得了有机的联系。

角楼由墩台下地面至角楼宝顶的高为27.5米，由多个歇山式组成复合式屋顶，覆黄色琉璃瓦。上层檐为纵横相交四面显山的歇山顶，正脊交叉处置铜鎏金宝顶。檐下施单翘重昂七踩斗栱。二层檐四面各加一歇山式抱厦，四角各出一条垂脊，多角搭接相互勾连，檐下单翘单昂五踩斗栱。下层檐四面采用半坡腰檐，四角出垂脊，用围脊连贯，檐下重昂五踩斗栱。下层檐和二层檐实际上四面各是一座重檐歇山顶加垂脊集合在一起的屋顶形式。角楼梁枋饰以龙锦枋心墨线大点金旋纹彩画，三交六椀菱花隔扇门和槛窗极为精致。

角楼采用减柱建造法，室内减去四根立柱扩大了空间的利用面积。在房屋构架上采用扒梁式做法，檐下梁头不外露，更加突出了外观上的装饰效果。

北京钟楼

　　北京钟楼位于北二环路中点南侧、老北京内城中轴线的最北端，和它南边的北京鼓楼相距100米。这是古都北京现存的一处著名的古建筑。楼内保存着我国现存体形最大、分量最重的大铜钟。这口铜钟被专家们誉为"钟王"。

　　北京钟楼兴修于明成祖永乐十八年（1420），是在元大都钟楼的旧址上重建的。建成后不久，这座钟楼就在一次大火中被毁了，直到清乾隆十年（1745），人们才用两年的时间重修了钟楼。这也就是我们今天看到的那座雄伟壮观的古建筑。此后，人们对北京钟楼进行过多次维修。

　　后人吸收了元大都钟楼、明北京钟楼系木质结构建筑易着火被毁的历史教训，在清代重修钟楼时就将它改成了砖石结构。

　　北京钟楼占地面积达6000平方米。这座重檐歇山式的建筑物通高47.9米。全楼采用五两拱券式结构，稳定牢固。屋面上铺着灰色瓦、绿琉璃镶边，显得庄重。在台基和钟楼的四周有汉白玉石栏杆。钟楼内东侧还修有石台阶72级，可以直上二层。在二层中间的八角形木架上挂着一口大铜钟，这就是古代北京的报时器。

　　北京钟楼上悬挂的这口大铜钟，筑于明代永乐年间。它和北京觉生寺（大钟寺）内的华严钟一样，是由当时的铸钟厂铸造的。

　　作为报时、同时也兼作报警的工具，北京钟楼内的大铜钟声音绵长、圆润洪亮。在过去尚无高大建筑物的北京城中，钟楼的钟声可以传播数十里。

北京鼓楼

北京鼓楼位于北京地安门外大街的北端，和钟楼相距约100米。

北京鼓楼在元大都城内，被称为"齐政楼"。这是一座木结构建筑物，曾多次被火烧毁，又多次重修。北京鼓楼在明代永乐十八年（1420）重修。到了清代，于嘉庆五年（1800）、光绪二十年（1894），又两度重修了鼓楼。在此之后，特别是在新中国成立后，人们对北京鼓楼进行过多次维修、彩绘、油漆，使它至今仍保持着雄伟、壮观、秀丽的面貌。

鼓楼占地面积约7000平方米。它被修建在一座高4米、东西宽55米、南北长33米的砖石台基上。台基的南北筑有台阶，可供人上下。台基的东西两侧筑有坡道，便于运送重物。鼓楼是一座外观两层、实为三层的木结构拱券式阁楼建筑物。全楼面宽五间，34米，进深20.4米，通高46.7米。屋顶为重檐歇山式，上铺灰色瓦，绿琉璃镶边。在北墙的外侧四周修有回廊，廊宽1.3米。回廊的外侧设有望柱和栏杆。望柱高达1.55米。纵观全楼，红墙朱栏、雕梁画栋，非常雄伟壮丽。

作为古代北京的报时中心，人们还在鼓楼的二层设置了漏壶室，室内安置计时器铜壶滴漏。铜壶滴漏是元代和明代所使用的计时器。到了清代，人们就不再用铜壶滴漏来计时了，改用了时辰香。

过去，北京鼓楼上设有25面大鼓。其中有一面鼓高2米，直径为1.5米。这面鼓是用一整张牛皮绷制而成，制作精美。这面鼓至今还陈列在北京鼓楼上。

北京市颐和园文昌阁

　　文昌阁是颐和园内六座城关（紫气东来城关、宿云檐城关、寅辉城关、通云城关、千峰彩翠城关、文昌阁城关）建筑中最大的一座，始建于乾隆十五年（1750），1860年被英法联军烧毁，光绪年间重建。主阁为两层，内供铜铸文昌帝君和仙童、铜特。文昌阁与昆明湖西供武圣的宿云檐象征"文武辅弼"。

　　文昌阁在颐和园昆明湖东堤北端，原是一座城关，为清漪园的园门之一。城头四隅角廊平呈"人"字形，中间为三层楼阁。中层供奉文昌帝君铜铸像及仙童塑像，旁有铜骡一只，极富特色。

北京恭王府戏楼

恭王府戏楼位于北京西城区前海西街，是北京保存最完整的清代王府。其前身是清乾隆时期的宠臣、大学士和珅的府邸。嘉庆四年（1799）和珅获罪，宅第被没收。到了清咸丰年间，咸丰帝将其赐予恭亲王奕䜣，称为恭王府。

恭王府占地46.5亩，其建筑设计富丽堂皇，风景幽深秀丽。其中，恭王府戏楼更是它的一大特色。恭王府戏楼的建筑面积为685平方米，建筑形式是三券勾连搭全封闭式结构。厅内南边是高约一米的戏台，厅顶挂着宫灯，地面由方砖铺就。据说，戏楼下面有几口大水缸可以起到音响的效果，这样，不用借助任何设备，便能在戏楼的任何一个角落听得清楚明白。不过，这里除了演戏之外，还是当年恭王府内举办红白喜事的地方。

恭王府戏楼建筑艺术高超，舞台呈凸出形，这样，台上演员的唱、念、道、白便可以清晰地传到每一个角落。

北京天安门城楼

天安门城楼位于中华人民共和国首都——北京中心的天安门广场北端，面临长安街。对面是天安门广场以及人民英雄纪念碑、毛主席纪念堂、人民大会堂、中国国家博物馆，是中国古代最壮丽的城楼之一。天安门城楼以杰出的建筑艺术和特殊的政治地位为世人瞩目。1949年10月1日，毛泽东主席在这里庄严宣告："中华人民共和国成立了，中国人民从此站起来了！"并亲自升起了第一面五星红旗。天安门城楼的图案出现在中华人民共和国国徽上，成为中华人民共和国的象征。

应北京天安门地区管委会之邀，著名潮籍山水画家马流洲历时6个月创作了一幅高2.6米、宽5.8米的《江山永泰》图，悬挂在天安门城楼中厅。从2006年国庆前夕悬挂以来，每天接待了数以万计的中外游客在画幅前流连观赏。这幅精心构思创作的《江山永泰》图，以奇特的构思、浓烈的笔墨和粗犷的线条，勾勒出一幅巍峨雄浑的泰山图。画家借泰山讴歌和谐盛世，表达了对祖国

未来的深情祝福。

天安门位于北京城的中轴线上。由城台和城楼两部分组成，有汉白玉石的须弥座，总高34.7米。城楼上有60根朱红色通天圆柱，地面由金砖铺成，一平如砥。高大而色彩浓郁的城墙上有两层重檐楼，盖满黄色琉璃瓦，东西九间，南北五间，象征皇权的"九五之尊"。南北两面均为菱花格扇门，36扇朱红菱花门扉；天花、门拱、梁枋上雕绘着传统的金龙彩绘和吉祥图案；贴金的"双龙合玺"彩锦，团龙图案的天花藻井，使整个大殿庄严雄伟，金碧辉煌。殿内由一个重450千克的八角宫灯和16个各重350千克的六角宫灯组成众星捧月图案。

城台下有券门五阙，中间的券门最大，位于北京皇城的中轴线上，过去只有皇帝才可以由此出入。现在正中门洞上方悬挂着巨大的毛泽东画像，两边分别是"中华人民共和国万岁"和"世界人民大团结万岁"的大幅标语。

天安门前开通的金水河，一枕碧流，飞架起七座精美的汉白玉桥，一般称为"金水桥"。桥面略拱，桥身如虹，构成绮丽的曲线。在王朝帝国时代，中间最突出的一座雕着蟠龙柱头的桥面，只许皇帝一人通过，叫"御路桥"；左右两座雕有荷花柱头的桥面，只许亲王通过，叫"王公桥"；再两边的，只许三品以上的文武大臣通过，叫"品级桥"；最靠边的普通浮雕石桥，供四品以下官吏和士兵通过，叫"公生桥"。桥南东西两侧，各有汉白玉石华表矗立，云绕龙盘，极富气势。

北京正阳门城楼

正阳门城楼俗称"前门城楼""前门楼子"，是北京内城的南城墙正门，是古都北京留下的重要古建筑之一，也是今日尚存的老北京旧城城门城楼的重要代表。1988年，国务院将其列为全国重点文物保护单位。

正阳门城楼是在明成祖当政时期，与明代北京城一起修建的。据记载，这座城楼建成于明永乐十七年（1419）。

正阳门在砖砌的城台上建有城楼，占地3047平方米，城台高13.2米，南北上沿各有1.2米高的宇墙。城台正中辟有券门，门内设千斤闸。城楼高两层，为灰筒瓦绿琉璃剪边，重檐歇山式三滴水结构。城楼的楼上、楼下四面均有门。面宽七间，进深三间。上下均有回廊。楼身宽36.7米，深16.5米，高27.3米。整座城楼的整体高度为42米，在北京所有城门中最高大的一座。

正阳门城楼南设有箭楼，占地2147平方米，砖砌壁垒式建筑。顶部为灰筒瓦绿琉璃剪边、重檐歇山顶。箭楼上下共有四层，南边为楼北边为抱厦；南侧面宽七间，宽62米，进深12米；楼高26米，连城台通高38米，也是北京所有箭楼中最高大的一座。箭楼设四层箭孔，每层13个（内城其余八门的箭楼为每层12个箭孔），东西各设4层箭孔，每层4孔。正阳门箭楼的形式比较独特，一直被看作是老北京的象征。

北京德胜门箭楼

德胜门箭楼坐落在今天北京市二环路的西段，位于德胜门立交桥和北护城河之间。它是北京内城九座城门之一，也是北京现在仅存的两座箭楼之一。始建于明正统二年（1437）。此后，历代都对城门和箭楼进行过维修。

在明、清时期，德胜门是兵车进出之门。因"德胜"与"得胜"同音，故取此名，寓意吉利。

北京有一句老话："先有德胜门，后有北京城。"这句话说明德胜门（包括箭楼）的建筑历史之早。明洪武元年（1368），大将、开国元勋徐达率兵攻入了元大都。元代宣告灭亡。为了更好地保卫北京城，徐达将元大都的北城墙向南移了五华里，并在北城墙的东段和西段各开了一座城门，东边的叫安定门，西边的叫德胜门。明代北京城是在永乐十八年（1420）建成的。可见，德胜门的名称比明代北京城的完全建成要早52年。所以，"先有德胜门，后有北京城"这句话并非虚传。

自徐达初建德胜门，历朝历代都先后对它进行了加固、维修或重建。同老北京城内的其他城门一样，德胜门也由城楼、箭楼和城楼、箭楼之间两侧城墙围城的瓮城三部分组成。德胜门箭楼由城楼和城台两部分组成。然而，德胜门箭楼的设计方案却另具特色：城楼下边没有门洞，不设城门。人们若要登临城门，必须从瓮城两边的侧门进入。

德胜门箭楼，修建在一个高大结实的砖石城台上，城台高12.6米，东西宽39.5米。在城台上面四周修有雉堞和女儿墙。箭楼坐南朝北，它的平面呈倒置的"凸"字形。城台北侧的箭楼楼体，面宽七间，南北进深二间，高19.3米。

德胜门箭楼是一座重檐歇山式的建筑物。屋顶铺着灰筒瓦，绿琉璃剪边。箭楼共分四层。由于它处在迎敌的一面，在它的东、北、西三面共开有箭窗82个。其中，靠北的一面设箭窗48个；东面和西面各设箭窗17个。

德胜门箭楼是北京市的重点文物，是北京市的一大旅游胜地。现箭楼上长年举办历史古钱币展。

北京故宫午门城楼

据史料记载，故宫的午门始建于明代永乐十八年（1420），重修于清代顺治四年（1647）。我们今天看到的午门城楼，就是顺治年间重修后的遗物。以后又经过多次维修和油漆，午门城楼仍保持着昔日的光彩。午门是明、清皇宫宫城——紫禁城的正门，位于天安门、端门之后。进入午门，通过太和门就可以到达金銮宝殿——太和殿了。

午门城楼建筑在一处高大的砖石台基上，平面呈一个倒置的"凹"字形。午门城楼由五座楼、亭组成，正楼居中，两侧各有两座亭子。状似大雁展翅，因此俗称"五凤楼"。正楼高35.6米，面宽九间，这是我国古代建筑中最高级的建筑形式。东、西两端的翼亭，称为"观"或者"阙"。正楼和四座亭子的

屋顶上，都铺着金光灿烂的黄色琉璃瓦。黄瓦、红柱和台基上的汉白玉石栏杆、涂成红色的台基墙面相互辉映，使午门城楼显得更为辉煌、华贵。

午门城楼下的台基开有三个门洞，左右两侧还各开有一个掖门。每个门洞都设有大门两扇，每扇大门都安装有铜铸鎏金的门钉九排，每排九颗，共有门钉81颗。

五个门洞中最中间的一个称为"御道"。按规定这条御道只准皇帝一人通行。然而，在非常特殊的情况下，这条御道也可允许极少数的人出入，比如，在皇帝正式结婚的时候，皇后可以走一次，通过这条御道进入宫中；皇帝通过殿试录取的前三名进士——状元、榜眼、探花，也可以在这条御道上走一次，通过御道走出皇宫。午门两侧的门洞是文武百官和王公大臣进出皇宫宫城的通道。

午门不仅是皇帝大婚、祭天、祭地、祭祖和王公大臣上朝、退朝出入的通道，而且也是明、清两朝举行大典、宴请群臣的地方。

天津蓟州区独乐寺观音阁

观音阁位于天津市北110千米处蓟州区旧城的西大街上，是独乐寺中的主体建筑。这是我国现存建筑中最早的高层楼阁式木结构建筑物。虽然这里地震频发，但观音阁仍旧巍然挺立，它是我国古代建筑中的一件珍品。

据文献记载，独乐寺观音阁和它的山门一样，均重修于辽圣宗统和二年（984）。至于它的始建年代因无史料可查，遂无从得知。在此之后，宋、元、明、清各代虽对观音阁进行过维修和翻建，但其梁架结构仍然保持着辽代重修时的风貌。

观音阁建在一个不大的台基上。外观两层，实为三层，中间一层为暗层。单檐歇山顶。观音阁斗拱硕大，出檐深远，长达3米，但檐面却很平缓。这样的构筑形式，既体现了唐代建筑气势的雄伟，又体现了宋代建筑风格的柔和。阁檐下面挂着一块横匾，上书"观音之阁"四个大字。据说这四个大字还是明代宰相严嵩写的。阁中的高大须弥座上，矗立着一尊十一面观音的彩色泥塑像。这尊泥塑观音菩萨像高16米，制作的时间最迟不晚于辽代。因此，它是我国现存最高、塑造时间最早的一尊泥塑像，堪称我国古代雕塑艺术中的稀世珍宝。

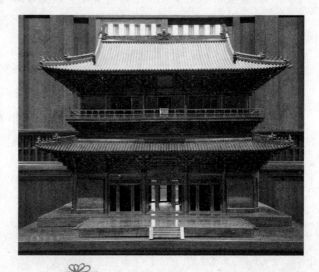

观音阁面宽五间，

进深四间，通高23米。这座庞大的木结构楼阁，从辽代重修时算起，到今天已经有1000多年的历史了。在这1000多年中，观音阁经过了无数次狂风暴雨的袭击，也经受了无数次大小地震的考验，依旧安然无恙，使许多古建筑学家们都不得不啧啧称赞。

观音阁的地基是用黄土和灰沙筑成的，非常夯实，并且具有一定的弹性。观音阁的整体结构也非常美观、科学。阁中有立柱两根，外檐柱18根，内檐柱10根。各层檐柱之间又有梁枋相互连接，构成内外两圈，外圈檐柱构成的外框套着内层檐柱构成的内框。内外两个框架之间以短横梁相连。这种结构大大增强了观音阁抵御大风及抗震的能力。

天津鼓楼

历史上的天津鼓楼曾是天津卫的"三宗宝"之一，民谚说："天津卫，三宗宝，鼓楼、炮台、铃铛阁。"

天津鼓楼曾两建两拆。明永乐二年（1404），天津设卫筑城，到明弘治年间，山东兵备副使刘福将原来的土城固以砖石，并于城中心十字街处建鼓楼。楼高三层，砖城木楼，楼基是砖砌的方形城墩台，四面设拱形穿心门洞，分别与东西南北四个城门相对应。鼓楼城台建有木结构重岩歇山顶楼阁，楼内上层悬大钟一口，重约2吨，铁铸，为唐宋制式。大钟初用以报时，以司晨昏，启毕城门，早晚共敲钟108次。鼓楼北面有清代天津诗人梅小树撰写的一副抱柱联："高敞快登临，看七十二沽往来帆影；繁华谁唤醒，听一百八杵早晚钟声"。

1900年，八国联军侵略天津，第二年天津城墙被迫拆除。由于遭战火之灾，鼓楼日渐颓圮。1921年，有重建鼓楼之议，并于年内完成重建工作。在重建后的鼓楼上，用旧城四门楼之名，由天津书法家华世奎重书，镌于鼓楼四门，曰"镇东""安西""定南""拱北"。

1952年11月7日，为贯通道路，鼓楼被拆除。

改革开放，中华振兴，津沽文脉，得以传承。1994年，天津开始了危陋房屋大片改造

工程，位于危改重点的老城厢地区的鼓楼也有了重建的机会。鼓楼重建工程于
2000年11月25日开工，2001年9月28日竣工。

新建的鼓楼位于天津老城厢中心。重建后的鼓楼宏伟典雅，青砖墙面，白
玉栏杆，飞檐斗拱，碧瓦丹楹，油漆彩绘，雕梁画栋。鼓楼及周边的商业街，
既是一道亮丽的风景线，又是新的旅游胜地。

重建后的鼓楼体量增大，弥古而不拘古，雅俗共赏。它拥有27米见方，高
27米的体量。这是取"9"的倍数，因为"9"为阳数之极，有吉祥的寓意。鼓
楼广场共81平方米。鼓楼主体为钢筋混凝土结构，砖城木楼，须弥基座，木楼
外形按明清木作大式，设斗拱和飞檐，做殿式旋子彩画，重檐歇山屋顶。瓦作
大式灰色筒瓦屋面，绿琉璃券边，汉白玉栏杆，脊上飞檐走兽。砖城四面作明
式七券七伏锅底券拱门，穿心门洞，四拱门上方恢复汉白玉城门石，仍镌刻镇
东、安西、定南、拱北字样。新钟的体量增大，高2米，寓意为2000年制作。钟
的材料为响铜，重3吨。钟上铭文由冯骥才、张仲撰写，字体为繁体魏碑。

杭州鼓楼

　　杭州鼓楼古代为滨海敌楼，位于吴山东麓，始建于南朝。曾名曰"新城戍""朝天门""拱北楼""来远楼""镇海楼"。现在的鼓楼遗址系隋废郡置州、杭州定名之初最早的州台所在地，至今已有1400多年的历史。千百年间，鼓楼屡建屡毁。每次重建之后，都留下碑文。其中最有名的要数明代徐渭撰写的《镇海楼记》。"文革"期间，鼓楼被彻底拆毁。

　　2001年，杭州市为创建"文化名城"，决定重建鼓楼，并将其列为杭州市2001年重点工程之一。

　　杭州鼓楼位于杭州中山南路南段，南宋建造。中山路原称"御街"，为南宋皇室游街之道，鼓楼原名 "朝天门"，明朝更名为"镇海楼"，60年代拆除，2003年重建。

　　重建的鼓楼按明代建筑形式，采用五开间，二重檐歇山顶，斗拱装饰。屋面为仿古结构，黑色亚光琉璃瓦，古门窗。城墙是对原城墙的复制，墙体为清水墙。

　　鼓楼积淀了丰富的历史文化内涵，楼内藏有包括由洛阳民间工艺大师制作的一面直径达1.5米的大鼓、八面直径为1米的小鼓、重达2.1吨的"四季平安"钟和长11.8米、高2.2米的东阳木雕《清明上河图》等宝物。

山西莺莺塔

　　莺莺塔位于山西省永济市蒲州古城东3千米的峨眉塬头上的普救寺内。因为元代杂剧作家王实甫《西厢记》描述了张生和崔莺莺的爱情故事而闻名天下。当年，张生赴京赶考，途中遇雨，到普救寺躲雨。在寺内看见了扶送父亲灵柩回乡时滞留在寺内的崔莺莺，二人一见钟情。张生住在西轩，就在大雄宝殿的西侧。莺莺和她的母亲以及侍女红娘居住的梨花深院，在大雄宝殿的东侧。现在人们根据当年张生游历过的小径重建了梨花深院、后花园、跳垣处等，并塑造了一组佛像和《西厢记》人物蜡像，依照《西厢记》剧情再现了一幕幕戏剧场面。

　　莺莺塔雄峙于普救寺西侧，古朴端庄，独立擎天。原塔在明嘉靖三十四年（1555）的那次地震中被毁掉了，现今我们看到的，是公元1563年重修的。塔内外呈四方形，塔檐呈微凹的曲线形，这些都说明莺莺塔保留了唐塔的一些特征。

　　回廊围绕着的莺莺塔，是用砖砌筑的。全塔十三层，高36.76米。七层以上突然收缩，使整个塔显得更为灵巧。塔内各层之间有甬道相通，一般人可上至九层。但六、七层不能直接相通，必须从六层下到五层后才能上得去。更引人注目的是，莺莺塔具有奇特的回声效应。

在塔的附近以石相击，人们在一定位置便可听到"咯哇、咯哇"的回声，类似青蛙鸣叫。据传是匠师筑塔时安放了金蛤蟆在里面，但其实是塔身中空所致。莺莺塔回廊西侧外有一个击蛙台，这是击石的最佳位置。台下不远处的山坡上有一座小亭，名叫"蛙鸣亭"，这里是听类似青蛙鸣叫回音的最好地点。莺莺塔还具有收音机、窃听器和扩音器的功能。在莺莺塔下，人们可以听到从塔内传来的2.5千米外蒲州镇上的唱戏声、锣鼓声，附近村镇上的汽车声、拖拉机声，人们在家里的说话声、嬉笑声，以及鸡鸣狗叫声。另外，塔下的鸟叫声通过莺莺塔的"扩音"之后，声音变大，可以传播到很远的地方。其回声机制主要体现在三方面：①塔内是中空的，站在塔的中层听上面的人说话，由于声学反射效应，声音好像是从下面传来的；②塔檐上的复杂结构有反射作用；③墙壁反射。天坛回音壁主要是通过墙壁反射。所以在塔的四周击石拍手，均可听到清晰的蛙鸣回声。随着位置的变换，这蛙鸣回声也可以在空中或地面传来时发生变化。方志中称之为"普救蟾声"，为古时永济八景之一。

同时，莺莺塔也是我国古代四大回音建筑（另外三个为北京天坛回音壁、四川潼南石琴和河南三门峡市蛤蟆塔）之一。

山西大同鼓楼

大同鼓楼位于山西省大同市的中轴线上，在南街（永泰街）中段。始建于明代，清代曾多次修缮，是明清楼阁式建筑的典型代表。

据史料记载，明朝的大同，楼阁林立，建筑华丽，东有和阳街的太平楼；西有清远街的钟楼；北有武定街的魁星搂；南有永泰街的鼓楼。可惜这些楼阁大部分都已毁于历代兵火和自然灾害，只有鼓楼幸存了下来。

大同鼓楼是十字歇山顶三层楼阁式建筑，平面近似正方形，面阔、进深各三间。东西长17.65米，南北宽14.55米，高约20米。各层楼檐下均置斗拱，一、二层檐下置一斗二升交麻叶拱，三层檐下为单翘斗拱。每层四面辟门，四周都有回廊，外设凭栏，举目远眺，整个大同城一览无余。

鼓楼建筑独特，造型优美，布局巧妙，令人叹为观止。它典雅古朴，精致秀气，令人流连忘返。1978年，人们对其进行全面加固修缮，并彩绘一新。为山西省重点文物保护单位。

1978年秋，鼓楼进行了大规模维修，封闭十字穿心门洞，扩展楼旁马路，1985年又进行了全面彩绘，各种图案生动艳丽，面貌焕然一新，完全恢复了雄伟古朴、整洁壮丽的风貌。

山西平定娘子关城楼

娘子关位于山西省平定县东北，与县城相距45千米。在历史上具有非常重要的军事战略地位。

现存的娘子关城楼是明代嘉靖二十一年（1542）修建的遗物。崇祯七年（1634）再度修葺。1986年大修。1987年，山西省人民政府将娘子关列为省级重点文物保护单位。

娘子关关城，又名"古城堡"，是一座环形的军事防御性建筑，南北长400米，东西宽150米。关城设两座关门，一座为东关门，一座为南关门。我们现在所说的娘子关城楼就是它的南关门城楼，人称"宿将楼"。楼高两层，重檐歇山顶，屋面上铺着青瓦。宿将楼飞檐翘脚，画栋雕梁，背倚青山，下临桃河，雄伟壮观。楼内一层大厅中有一尊平阳公主的彩色塑像，气度不凡。楼下城台为砖石结构，高大结实。在拱形门洞上方嵌有一匾，黑底白字，上书"京畿薄屏"。在城楼上层檐下也悬有一匾，蓝底黑字，上书"天下第九关"。

在南关门城楼北侧的平台上，人们还修有一座小戏楼，建有一座供奉神像的小殿堂，以及一个可以容纳数十人的小广场，立有石碑。这些都集中体现了娘子关布局的周密细致和玲珑小巧。

山西鹳雀楼

鹳雀楼位于山西省永济市蒲州古城西郊的黄河岸边，因有鹳雀栖息其上而得名。鹳雀楼始建于北周，由于楼体壮观，结构奇特，加之前瞻中条，下瞰黄河，气势雄伟，风景秀丽，唐人留诗者甚多。"白日依山尽，黄河入海流。欲穷千里目，更上一层楼。"即是唐代著名诗人王之涣留下的千古绝唱。诗以楼作，楼因诗名。元初，鹳雀楼毁于战火，后因黄河泛滥，楼毁景失。复建中的鹳雀楼坐落在近10米高的台基上，外形为四檐三层的仿唐风格，内部共九层，总高近74米，为钢筋混凝土建筑，投资7000万元，目前鹳雀楼的主体工程已经完工。千余年来，此楼一直是供人们登高望远、极目山河的胜地，激励着中华儿女奋发向上。

　　鹳雀楼是山西永济市的著名景观，同时也被称为中国四大名楼之一，以其临江远眺的优越位置和历代文人在此的兴衰感叹而闻名于世，现今的鹳雀楼已经过系统重建，有望恢复曾经的辉煌。

　　鹳雀楼共六层，前对中条山，下临黄河，是唐代河中府著名的风景胜地。由于楼体壮观，结构奇巧，加之具有区位优势，风景秀丽。唐宋之际，文人学士登楼赏景留下了许多不朽的诗篇。沈括所著的《梦溪笔谈》给了鹳雀楼八字评价："前瞻中条，下瞰大河。"千余年间，它对于激励振兴中华民族之志产生了深远影响。

　　20世纪末，人们开始了鹳雀楼的重建工作。有关方面报道，为弘扬中华民族文化，1997年12月，鹳雀楼复建工程破土动工，重新修建的鹳雀楼为钢筋混凝土剪力墙框架结构，设计高度为73.9米，总投资为5500万元，截至2001年，主体工程已完成封顶。现在，这座九层高楼在永济市黄河岸边落成。登楼观大河，其势依旧雄伟壮观，引人遐想。

　　鹳雀楼与同在山西省永济市蒲州古城的人文风景胜地的普救寺相隔不远，这两大著名人文景观成为当地的旅游支柱。

宁夏银川南薰楼

南薰楼，又名南门楼，位于宁夏银川城东南的南环东路与中山南街的交叉口上，坐北朝南，面临广场。南薰楼通高27.5米。砖包台基高7米，长88米，宽24.5米。台基正中壁有一南北向拱形门洞。台基北面门洞两侧有对称式的台阶，可登临而上。在高大的台座中央，建有歇山顶重檐二层楼阁，高20.5米。四面花窗，廊檐彩画，绚丽夺目。楼阁内设有木梯可登楼远眺。整个建筑结构严谨，规模雄壮。

南薰楼早在西夏就已存在。50年代以来，南薰楼经过多次整修，开辟成南门广场，成为群众集会的场所。因其建筑与北京天安门有些相似，所以人们又称它为"小天安门"。

南薰楼的始建年代不详，相传为公元1020年西夏党项族首领李德明将都城从灵州（今灵武）迁至怀远（今银川），大起宫室，扩建城池时建造，明洪武年间重修宁夏卫城，有"南曰南薰，上建南薰城"的记载。清乾隆三年（1738）发生大地震，府城尽毁，城楼也坍塌了。乾隆五年（1740）重建，有"南楼秋色"一景。清宣统三年（1911），南薰楼毁于战火。民国初年再次修复。

1953年，人民政府拆除了南薰楼东西两侧的城墙，开辟了南门广场。1979年在门楼两侧修筑观礼台，南北种植花草树木。南薰楼经过多次修缮后，在周围现代建筑物的烘托下，显得更加宏伟壮观。1985年被列为银川市文物保护单位。

西安钟楼

　　钟楼位于陕西省西安市中心城内东西南北四条大街的交会处，因楼上悬挂铁钟一口而得名。明洪武十七年（1384）初建于今广济街口，万历十年（1582）迁建于现址。楼的建筑为重檐窝拱、四角攒顶的形式，共有三层。楼基面积达1377.64平方米，通四大街各有门洞。座基四面各宽35.5米，高8.6米。总高36米。钟楼曾遭毁坏，后大规模加以整修，使之恢复了原来的面貌和气派。登楼四望，可鸟瞰西安古城市容。钟楼呈典型的明代建筑艺术风格，重檐斗拱，攒顶高耸，屋檐微翘，华丽庄严。

　　西安钟楼是我国古代遗留下来的众多钟楼中形制最大、保存最完整的一座。西安是明代的全国军事重镇，西安钟楼无论从建筑规模、历史价值还是艺术价值等各方面衡量，都居全国同类建筑之冠。

　　在檐上覆盖有深绿色的琉璃瓦，楼内贴金彩绘，画栋雕梁，顶部有鎏金宝顶，金碧辉煌。以它为中心辐射出东、南、西、北四条大街并分别与明城墙东、南、西、北四门相接。

　　据说，明太祖朱元璋登基后不久，关中一带连连发生地震，民间相传城下有条暗河，河里有条蛟龙，蛟龙一翻身，长安就震动。朱元璋的心里不踏实，正不知如何是好，道

人术士们给他出了一个主意，让他命人在西安的城中心修一座钟楼，钟乃天地之音，可镇住蛟龙。为此，朱元璋专门修了一座全国最大的钟楼，并调来"天下第一名钟"景云钟前来助阵。

钟楼修了，景云钟也挂上了，朱元璋又派他的大儿子镇守西安，这就是著名的秦藩王，秦藩王的王府就在今天的西安新城。碑林博物馆正门口那两个铜狮子，就是秦藩王王府的东西。

明王朝定都南京后，其间还有一次迁都之议。有大臣主张迁都西安。朱元璋曾有些心动，专门派太子朱标赴西安实地勘察，选择宫室地址，并绘制陕西地图进献。但这位太子返回后一病不起，次年便去世了。迁都西安一事终未实现。

西安钟楼的门扇槅窗雕镂得精美繁复，表现出明清盛行的装饰艺术。每一层门扇上均有八幅浮雕，每一幅浮雕均蕴含了一个典故。

钟楼高处的宝顶在阳光下熠熠闪光，使这座古建筑更散发出其金碧辉煌的独特魅力。

西安鼓楼

西安鼓楼是我国现存最大的鼓楼，位于陕西省西安城内西大街北院门的南端，东与钟楼相望。鼓楼始建于明太祖朱元璋洪武十三年（1380），清康熙三十八年（1699）和清乾隆五年（1740）先后两次重修。楼上原有巨鼓一面，每日击鼓报时，故称"鼓楼"。

鼓楼横跨北院门大街之上。鼓楼和钟楼是一对孪生兄弟，相距仅250米，彼此辉映，为古城增色。鼓楼比钟楼早建4年，楼基面积比钟楼楼基大738.55平方米，通高34米，雄杰秀丽不亚于钟楼。古时楼上悬挂一面大鼓，傍晚时击鼓向全城居民报时，故称"鼓楼"。

古时击钟报晨，击鼓报暮，因此有"晨钟暮鼓"之称。同时，夜间击鼓以报时，"三鼓"，就是"三更"，"五鼓"就是"五更"，一夜共报5次。明代的西安

城周长11.9千米，面积为8.7平方千米，鼓楼地处西安城中部偏西南，为使鼓声能传遍全城，就必须建造高楼，设置大鼓。明、清两代，鼓楼周围大多是陕西行省、西安府署的各级

衙门，这些衙门办公和四周居民的生活都离不开鼓声，鼓声也成为当时人们最熟悉的悦耳之声了。李允宽所书写的"声闻于天"的匾额画龙点睛地说明了鼓楼的实际意义。现在楼内设有楼梯，登临楼上，凭栏便能眺望全城景色。西安鼓楼是城内明、清建筑物的主要标志和代表之一。

西安鼓楼的建筑形式是歇山式重檐三滴水。高台砖基座东西长52.6米，南北宽38米，高7.7米，南北正中辟有高和宽均为6米的券洞门。鼓楼呈长方形，分上下两层，通体用青砖砌成。第一层楼上置腰檐和平座，第二层楼上覆盖绿琉璃瓦。上下两层面阔各为七间，进深均为三间，四周环有走廊。外檐和平座均饰有青绿彩绘斗拱，使楼的层次更为分明。

登楼的青砖阶楼设在砖台基两侧，在第一层楼的西侧有木楼梯可登临至楼的第二层。在楼的南檐下正中，悬挂有"文武盛地"蓝底金字红边匾额，是陕西巡抚张楷重修此楼竣工后，模仿乾隆皇帝的"御笔"。

从20世纪50年代开始，人民政府曾多次修缮鼓楼，90年代又贴金描彩，为进一步开发和利用文物资源，促进文化旅游事业的发展，对鼓楼进行了大规模维修，恢复"晨钟暮鼓"，1996年，西安市政府决定重制鼓楼大鼓。重制的大鼓高1.8米，鼓面直径为2.83米，是用整张优质牛皮蒙制而成的。鼓腹直径为3.43米，重1.5吨。上有泡钉1996个，寓意1996年制，加上4个铜环共2000个，象征公元2000年，催人奋进地跨入21世纪。该鼓声音洪亮、浑厚，重槌之下，10里之外都听得见，是目前中国最大的鼓。将钟楼和鼓楼之间开辟为钟鼓楼广场，绿草红花点缀其间，造型独特的声光喷泉不时变换，是古城人民休闲、娱乐的好去处。

西安南城门楼

西安南城门楼始建于明太祖洪武三年（1370），是由长兴侯耿炳文、都指挥使仆英主持修建的。坐落在我国著名的历史文化名城、陕西省省会西安古城的南城门之上。它是由城楼、箭楼和阙楼组成的一组古代建筑群。城楼又被叫做"正楼"。阙楼又被叫做"闸楼"。这座城门楼和西安古城墙以及其他三座城门楼一起，组成了一个严密的军事防御体系，体现了我国中世纪城堡建筑的高超水平，展示了我国古代建筑和民族传统文化的灿烂和辉煌。现在，西安城门楼和古城墙构成了一座气势宏大的环城公园，不断吸引着中外游客前来参观。

在南城门上，开有一座拱券式的门洞，洞宽6米。在门洞上面修有一座城楼。这便是正楼。城楼宽七间，长40米，分上、下两层，为重檐歇山式屋顶。在正楼的中部筑有腰檐。四周还修有外廊。整座城楼，高大雄伟，气势宏大。

1961年，国务院已把西安城门楼和古城墙一起列为全国重点文物保护单位。现在，我国政府又把古城西安列入了全国历史文化名录。目前，西安城门楼、古城墙已经成为中外游人参观游览的一个重点。

榆林鼓楼

　　1986年被国务院命名为中国历史文化名城的榆林城，其重要标志就是"北台南塔中古城，六楼骑街天下名"的明清建筑古迹。"北台南塔"是指城北的"长城第一台"——镇北台和城南的凌霄塔。

　　"六楼"指坐落于城内大街、有"一串珠"之称的古楼阁：文昌阁、万佛楼、新明楼、钟楼、凯歌楼和鼓楼。城南的凌霄塔、城北的镇北台与骑街六楼位于同一轴线，被誉为"榆林城的脊柱"。这种独特的建筑格局，在全国历史文化名城中是独一无二的。

　　其中，鼓楼东与钟楼隔广场相望，现为全国重点文物保护单位。鼓楼建

于明洪武十三年（1380），清代曾两次修葺。楼上原有一面巨鼓，傍晚击鼓报时，故名"鼓楼"。鼓楼系古典建筑，基座为长方形，用青砖砌成，楼高33米，面积为1924平方米。楼基正中辟有南北券门洞，连通北院门和西大街。建筑结构采用重檐三滴水式与歇山琉璃瓦顶形式，与钟楼相辉映，楼内有梯可上，登至二楼，凭栏可眺望终南山与全城景观。

为了恢复"南塔北台，六楼骑街"的历史文化名城风貌，增加古城榆林的文化内涵，发展旅游业，3年来，榆林市先后投入9500万元，维修了三座被毁坏的楼阁，新建了鼓楼、凯歌楼、文昌阁三座楼，并把"六楼"所在的大街建设成为具有历史风貌、古色古香的步行街。

目前，"六楼"修复工程基本竣工，步行街用石板铺就。站在城南凌霄塔的第13层上，"六楼骑街"的雄姿尽收眼底，再加上步行街两边保存较完整的明清民居，与远处现代化的高楼大厦相辉映，新老榆林城的发展变迁一览无余，让人回味无穷。

榆林万佛楼

　　万佛楼位于陕西省榆林市城南大街中心新明楼与南城门之间。始建于清康熙二十七年（1688）。民国五年（1916）五月庙会失火，顶楼被焚毁。后本寺僧人周宽（俗名"陶官府"）四处化缘，集资重建。

　　万佛楼现分三层，底层为巨砖砌筑四通街道四孔拱洞式结构，呈长方形。楼基长29.6米，宽18.4米，高9米。在四通式楼基上，建有二层木结构楼阁。分南、北两院。北院紧依南主楼而建。中为三楹斗拱彩绘、飞檐翘角的观音殿，东西各设有三楹配殿。南院主楼阁为二层，呈长方形，东西长12.6米，南北宽8.4米，总高9米余。楼东侧设有木楼梯直通顶层。二层主楼全为木结构，上下两层均为斗拱飞檐，四角翘举。顶层明廊回绕，歇山楼顶覆青筒瓦屋脊。主楼东西各是三楹配殿。整个万佛楼内曾供有上千个大小不等的佛像，可惜现已不

存。1984年万佛楼经修补后，被辟为榆林县文物陈列馆。登临此楼，不仅可参观榆林市丰富的馆藏文物，而且四处眺望，古城南部景物也一览无余。

万佛楼在阐福寺西，极乐世界殿的正北面，有琉璃门三座，门曰"普庆门"，门内左右各有石幢一座。规格、制式、内容与西天梵院内的相同。门内正中有方整石砌的矩形水池，池上架汉白玉石拱桥，桥南北各竖楼坊一座。两牌坊左右各有带汉白玉石须弥座的山子石共四座。再北为万佛楼，居正中，楼高三层，是乾隆三十五年（1770）高宗弘历为其母庆寿而建。三层楼内壁上布满佛洞，每洞内供奉金佛一尊，共1万尊，故称万佛楼。万尊金佛乃当年高宗为其母庆祝80寿辰时，大小百官大铸金佛奉供。据说大的重达588.8两，小的重58两。光绪二十六年（1900），被八国联军洗劫一空，万佛楼也被毁，加上因年久失修，有倒塌的危险而被拆除。原来楼东、西各有垂花门一座，东边垂花门内为庭园建筑，高低错落，进门为澄性堂，堂前有用方整石砌成的矩形水池，堂后为青山石砌成的形状不规则的水池，池东山坡上建有方形的湛碧亭，西边建有灰墙灰顶的两层小楼致爽楼，池北面还有澹吟室等建筑。堂、亭、楼、室用四十多间游廊连通。西垂花门内建有十字八角形垂檐碑亭一座，造型别致、庄重，名妙相亭，内竖十六边重檐石幢一座，上刻阴文"十六应真像"。院内植松柏、桑树。

山西万荣东岳庙飞云楼

　　飞云楼坐落在山西省万荣县的东岳庙内。当地有句名谚："万荣有座飞云楼，半截插在天里头。"可见，这座木结构楼阁式的建筑物，体量是多么高大。每当天气晴朗时，白云缠绕楼身，奇异的楼阁似乎在和彩云一起飘动，遂被人们称为"飞云楼"。又因为它处在万荣县县城所在地解店镇的东南隅，因此也被当地人称为"解店楼"。

　　飞云楼结构精巧、造型美观，体现了我国古代木结构建筑的发展历程。这座高楼不仅具有很高的审美价值，同时也具有很高的学术价值和历史价值。

　　飞云楼和它所在的万荣东岳庙究竟始建于何时，历史文献上没有记载，现已无从得知。我们今天所看到的飞云楼则是清乾隆十一年（1746）重建后的遗物。

　　飞云楼外观三层，还有两个暗层，实为五层。通高23.15米。全楼有32个翼角，山花向外，造型独特、美观。飞云楼虽是清乾隆年间重建的，距今只有250余年的历史，但它却保留着宋、元、明时期的建筑特点，并有所创造和发展。所以，从研究我国古代建筑发展历程的角度上看，飞云楼是我国现存古代建筑中的一宝。

　　飞云楼建在一个高0.65米的基座上，底面为正方形。据测量得知，地平面的进深和面宽都是12.25米。楼下层的左右两面筑有墙壁，前后贯通，是一种过街楼式的建筑结构。从底层经二层和三层，有四根通天井口大木柱直达楼顶，周围32个木柱巧妙地联成棋盘状，共同支撑楼体。在宋、元时期，凡是高层楼阁都是分层修建的。因此，这种通天井口木柱的建筑结构，是对宋、元建筑结构的一个发展。

　　该楼为木质结构，所有大小接口，均为榫卯套之，没有一个铁钉。这在中国楼阁式建筑中是比较罕见的。飞云楼三层四滴水，十字歇山顶，在抱厦的各层檐下，共有345组斗拱，形态变化多端，极像云朵簇拥，鲜花盛开。各檐翼角起翘，给人以凌空欲飞之感。全楼翘檐翼角共有32个，每个翘角尖上站立着一位身穿盔甲的武士，盔甲明亮、绚丽，更显威武雄壮。各楼角悬挂有风铃，迎风摆动，声音清脆悦耳。

河南许昌春秋楼

春秋楼位于河南省许昌市文庙前街，面对春秋广场。春秋楼是关帝庙的主体建筑，为砖木结构，重檐歇山式，高达30余米，殿顶覆盖绿色琉璃瓦，面阔三间，周围有16根廊柱，楼上、楼下均带回廊，青石柱础上雕有花、鸟、虫、鱼和人物等图案。建筑结构严谨，造型大方，廊轩昂然，金碧辉煌。

春秋楼为该庙的最高建筑。有彩塑关羽夜读《春秋》的坐像，形象逼真。两翼有刀楼和印楼，藏有关羽的青龙偃月刀和汉寿亭侯印，东院分前宫、后宫，有二位皇嫂的塑像。院内并有花园、问安亭等。

春秋楼下有石碑两通。一通是明景泰六年（1455）所立《关王辞曹操之图》石碑，上为关羽辞曹操书原文，下为关羽辞曹图，关羽勒马横刀，大义凛

然，正向曹操揖别，图案线条清晰流畅，人物形象栩栩如生。另一通传为唐画圣吴道予所画关公像，为刘宗周翻刻。关羽骑赤兔马，提偃月刀，双眸放光，长髯飘洒，气宇轩昂，威严刚毅，活生生一副儒将雄风。关羽坐骑昂首挺立，四蹄如柱，环眼尖耳，大有一呼即奔之势，真是威武雄壮。上述两碑文笔俊逸，书法冠绝，刻艺精湛。

　　春秋楼与午门、御书楼、崇宁殿等垂直排列，并以矮墙相隔，自成格局。总体设计沿袭"前朝后寝"的古制。楼内有关羽读《春秋》像，故名。《春秋》又名《麟经》，故此阁又名"麟经阁"。现存建筑为清同治九年（1870）重修。宽七间，深六间，二层三滴水，歇山式屋顶，总高30米，雄伟壮丽。上下两层皆施回廊，四周勾栏相连，可供凭依。檐下木雕龙凤、流云、花卉、人物、走兽等图案，雕工精湛，剔透有致。楼顶为彩色琉璃瓦所覆盖，光艳夺目。楼内置关羽观《春秋》侧身像一躯，右手扶案，左手捧须，神态逼真。楼内东西两侧，各有楼梯三十六级，可供上下。楼身结构奇巧别致，上屋回廊的廊柱，矗立在下层垂莲柱上，垂柱悬空，内设搭牵挑承，外观上给人以楼阁悬空之感。登楼远眺，盐池白似银湖，中条山翠若屏障。庙内古柏参天，藤蔓满树，名花异草，争芳竞艳，风来楼上铃铎齐鸣，极富庙堂之趣。

汉中望江楼

　　望江楼始建于南宋，现位于陕西省汉中市中心的古汉台北端。宋代的王象之在《舆地纪胜》中记府署东北隅有"天汉楼"，即望江楼的初称。望江楼高约17.5米，登楼可以眺望汉中市全貌，此楼历代多有损毁，现存为民国四年（1915）重建。望江楼是一座八角宝塔形建筑，分三层。从正面可见一副对联："汉水东流几千里，秦云北望第一楼。"

　　物换景移，几经兴衰，如今的望江楼，更给人一种庄严隆重之感，它以其别致的造型，巍巍的风姿，早已成为汉中古城的标志性建筑。登楼远眺，四面云山，如展画卷；俯视城区，楼台林立；环顾庭院，古树修篁，花木掩映。登此楼，使人心旷神怡，追往抚今，感慨万千。望江楼的周围建有桂荫堂、镜吾池、洗心亭等古建筑，楼东侧的石马，风格古朴，是与三国蜀将魏延有关的幸存之物。亭阁内造型精美的铜钟，是明代汉中瑞王府的遗物。

　　我国很多地方临江都建有或高或低的阁楼，这种阁楼临江而立，登楼即可眺望江流，因此大都被俗称为"望江楼"。如四川省成都市望江楼、黑龙江省齐齐哈尔市望江楼、江苏省南京市望江楼、江苏泰州市望江楼。

濮阳玉皇阁

濮阳玉皇阁始建于明朝弘治年间。位于河南省濮阳县城内西北隅的高岗之上，阁旁有"千年古槐"，亭台楼阁和古树交相辉映，十分壮观。正殿为高大的八角阁楼，殿内供奉着"玉皇大帝"神像。每年农历正月初九是玉皇大帝的生日，是天下君王、百姓祭天的好日子。每年的这一天，众多来自全国各地的人为祈求上天保佑，扶老携幼从四面八方赶来，唱大戏、玩杂技及进行各种民间文化活动，人群聚集，香烟缭绕，持续九天，热闹非凡。

不幸的是，在日本侵华期间，濮阳市被占领，日军拆庙毁殿，盖炮楼，修工事，使玉皇阁变成了一堆瓦砾，至新中国成立前，只留下民众用砖头垒砌的小庙。

为保护这一历史文物，弘扬传统文化，促进和谐团结，振兴经济，发展濮阳，2009年，濮阳县城北街居委会、红卫居委会、胜利居委会及各乡镇、周围各县市居民经过不懈努力，自觉捐资60多万元，成立了濮阳县玉皇阁筹建委员会。

2009年5月10日，玉皇阁奠基，历时8个月。同年12月10日竣工，重建了壮丽的玉皇阁，重塑了玉皇大帝金身铜像，从而使这一历史文物得以留存。

河南开封矾楼

河南开封矾楼，原名白矾楼，后来更名为丰乐楼，一说为樊楼，位于宋都御街北端。相传矾楼为北宋东京七十二家酒楼之首，宋徽宗与京都名妓李师师常在此相会。随着岁月的流逝，矾楼已荡然无存，但其盛名却流传下来。据《东京梦华录》记载，重建的矾楼是由东、西、南、北、中五座三层楼阁所组成的庭院式的仿宋建筑群。东楼的屋顶由四个九脊殿（歇山式）、30个翼角、12条屋脊组成了整体屋面。中心楼的二楼是历史陈列室，三楼布置的是李师师的书斋、琴房和卧室。西楼三楼上设有宋徽宗的御座。御街北首西侧新建的矾楼，建筑面积为5000平方米。朱门绣窗，古色古香，十分气派。

矾楼由东、西、南、北、中五座楼宇组成。三层相高，五楼相向，飞桥栏槛，明暗相通。整体建筑高低起伏，檐角交错，富丽堂皇。将吃、喝、游、乐、购融为一体，是开封目前最大的仿宋游乐中心。

在我国历史上，矾楼是北宋都城东京最著名的大酒楼。北宋时期，东京城内酒楼之盛，名扬天下。矾楼吸引着无数富商豪门、王孙公子、文人骚客来此游玩。然而，最让人津津乐道的，还是宋徽宗与李师师在矾楼饮酒作

乐的一段往事。宋徽宗对诗词百戏、书法绘画无所不精，李师师乃东京著名歌妓，其小唱在瓦肆伎艺中独占鳌头。两位艺术家探讨艺术，交往频繁。宣和六年（1124），宋徽宗册封李师师为瀛国夫人。矾楼上专门设置御座侍奉宋徽宗与李师师。

进入东楼后，可穿过庭院空间进入中心楼。纵轴线延伸到尽端是矾楼的主体建筑——西楼，它是五楼中最大、最高的一座，设有高、中、低档餐位，一次可供500位游客就餐。三楼上设有宋徽宗的御座。矾楼基本上是按宋代《营造法式》中的记载进行设计和施工的。

宋徽宗宣和年间（1119～1125），矾楼进行大修，《东京梦华录》描写大修后的矾楼"三层相高、五楼相向、飞桥栏槛、明暗相通、珠帘绣额，灯烛晃耀"。当时的"矾楼灯火"是东京一大盛景。

聊城光岳楼

　　光岳楼位于山东省东昌府区古城中央。建于明洪武七年（1374），是全国现存古建筑中最古老、最雄伟的木构楼阁之一。当时的平山卫指挥金事陈镛为了修建一座能报时的楼阁，便用修城余木，建造了这座高达百尺的更鼓楼，命名为"余木楼"。明弘治九年（1496），吏部考工员外郎李赞与太守金天锡共登此楼，命名为"光岳楼"。光岳楼为四重檐十字脊过街式楼阁，通高33米，由墩台和4层主楼组成。总占地面积为1185.42平方米。四层主楼筑于高台之上，全为木结构，方形带廊，共有金柱192根，斗拱200朵。光岳楼虽几经重修，其构件大部分是初建时的原物，基本保持了原来的面貌，有很高的科学价值和艺术价值。明、清两代，有许多过往的历史名人登临此楼，据说乾隆皇帝7次下江南，5次登光岳楼，曾先后为光岳楼赋诗13首。光岳楼现为全国重点文物保护单位。

　　光岳楼是一座由宋元向明清时期过渡的代表性建筑，是我国现存的明代楼阁中最大的一座。它在形式上承袭了宋元楼阁的遗制，在结构上继承了唐宋传统。光岳楼由楼基和主楼两部分组成，总高33米。楼基为砖石砌成的方形高台，占地面积为1236平方米，边长34.5米，向上渐有

收分，垂直高度为9米，由交叉相通的4个半圆形拱门和直通主楼的50多级台阶组成。主楼为木结构，四层五间，歇山十字脊顶，四面斗拱飞檐，且有回廊相通。全楼有112个台阶、192根金柱、200余个斗拱。楼内匾、联、题、刻琳琅满目，块块题咏刻石精工镶嵌，其中以清康熙帝御笔"神光钟瑛"碑，乾隆帝诗刻，清状元傅以渐、邓钟岳的手迹，郭沫若、丰子恺的匾额、楹联最为珍贵。1956年，该楼被列为山东省重点文物保护单位，1988年被列为国家级重点文物保护单位。

太白楼

太白楼即"太白酒楼",坐落在山东省济宁市城区古运河北岸。太白楼原是唐代贺兰氏经营的酒楼。唐开元二十四年(736),大诗人李白与夫人许氏及女儿平阳由湖北安陆迁居任城(济宁),其居在酒楼前,每天至此饮酒,挥洒文字,写下了许多诗篇。贺兰氏酒楼也因李白经常光顾而声名大振,生意兴隆。

太白楼名传于世千余载,乃任城(今济宁)古八景之一,现为山东省重点文物保护单位。

李白去世近百年时,唐懿宗咸通二年(861),吴兴人沈光过济宁时为该楼篆书"太白酒楼"匾额,作《李翰林酒楼记》一文,从此"太白酒楼"成名并传颂于后世。宋、金、元时期,人们都对该楼进行过重建和修葺。元世祖至元十九年(1282)开凿济州河时,任城城池北移今址,明代初期城墙易土为砖。明洪武二十四年(1391),济宁左卫指挥使狄崇重建太白楼,以"谪仙"的寓意,依原楼的样式,迁移于南门城楼东城墙之上(也就是现在的地址),并将"酒"字去掉,更名为"太白楼",流传至今。

太白楼建在12.7米高的城墙上,坐北朝南,十间两层,斗拱飞檐,雄伟壮观,系古楼阁式建筑。上有李白塑像,碑碣林立,楼门向西,环以围墙。600多年来,由于年久失修和历次战争,遭到一定破坏。解放初在原址上重建。现在太白楼

仍坐北朝南，面宽七间，东西长80米，南北进深13米，高15米，楼体为两层重檐歇山式建筑，青砖灰瓦，朱栏游廊环绕。二层檐下高悬一楷书匾额，上书"太白楼"三字。四周院内，松柏掩映，花木扶疏，方砖铺地，花墙环绕，台阶曲折，古朴典雅。楼上正厅北壁上方镶

有明代人所书"诗酒英豪"四个大字石刻，字体丰硕，遒劲豪放；下嵌着李白、杜甫、贺知章全身阴线镌刻的"三公画像石"，李白居中，杜甫在左，贺知章在右，线条流畅，体态潇洒，风流典雅。

一楼正厅中间还有一尊李白半身雕像，上方横匾"诗仙醉圣"，两边对联是"豪饮吐万丈长虹，醉吻涵三江之水"。四周墙壁上书有李白生平介绍。二楼大厅现为书画展览厅。

楼的游廊和院内有《李白任城县厅壁记》和唐朝以来历代文人墨客的赞词诗赋及乾隆皇帝《登太白楼》等刻石碑碣40余块，还有珍贵的李白手书"壮观"斗字方碑。楼内藏有唐天宝元年（742）李白醉书的《清平调》三首狂草横轴和乾隆时期曲阜的孔继涑模仿李白笔迹刻石《送贺八归越》诗贴，还陈列有明代祝允明所书的杜甫《饮中八仙歌》长卷。另外还有历代名家编撰的李白集和文章，以及当代著名书画家的数十幅作品。

登楼远眺，高楼耸立，车水马龙，济宁市容，尽收眼底。现在的太白楼是1952年人民政府拨专款在旧城墙上重建的。重建后的太白楼连同台基，共占地4000平方米，楼体为两层，重檐歇山式样，砖木结构。1987年，济宁市在太白楼建立了李白纪念馆。

山东曲阜奎文阁

奎文阁原名"藏书楼"，为孔庙三大主体建筑之一。奎文阁始建于宋天禧二年（1018），金明昌二年（1191）扩建，当时阁为五间，三檐。明弘治十二年（1499）扩建为七间，三檐。乾隆十三年（1748）高宗弘历题匾。古代奎星为二十八星宿之一，主文章，古人把孔子比作天上的奎星，后代封建帝王为赞颂孔子，遂将孔庙藏书楼命名为"奎文阁"。奎文阁为历代帝王赐书、墨迹的收藏之处，它具有独特的建筑结构，是中国古代著名楼阁之一。

奎文阁高23.35米，阔30.1米，深17.62米；黄瓦歇山顶，三重飞檐，四层斗拱。内部两层，中夹暗层，层叠式构架，底层木柱上施斗拱，斗拱上再立上层木柱。奎文阁结构合理，非常坚固，自明弘治十七年（1504）重修以来，经受了几百年风风雨雨的侵袭和多次地震

的摇撼，虽然康熙年间的大地震使曲阜"人间房屋倾者九，存者一"，但奎文阁仍旧岿然屹立，不愧为中国著名的古代木结构建筑之一。阁西碑亭中记载康熙年间地震的石碑就是奎文阁坚固的旁证。阁前廊下有石碑二幢，东为"奎文阁赋"，系明代著名诗人李东阳撰文，著名书法家乔宗书写；西为"奎文阁重置书籍记"，记载着明代正德年间皇帝命礼部重修赐书的情况。

　　阁楼坐西北向东南，主体部分为山门及阁楼。山门正中高悬"奎文阁"楷书匾额，门后横框上悬"云霞辉映"行书匾额，可谓匠心独具。底层四翘角，阔三间，深二间，中央设佛龛，供奉着南海观世音塑像，两侧是铜钟皮鼓。龛后是木扶梯，由此上至二三层，以上两层摇身变为九面开窗，均为九翘角，这种款式的木结构楼在我国古建筑中并不多见，具有很高的文物价值。二层名为"神文圣武殿"，内设孔子和关羽的神位，供人瞻仰和祈祷。三层名为"大魁殿"，塑魁星金身。魁星是古代神话中的神——"奎星"的俗称。奎文阁翼角鳌尾向天，风动欲飞上九天之势，十分引人注目，其上悬挂的铜铃木鱼，一有风吹，响动四方。窗棂格扇，精工雕镂，颇具特色，虽历经风风雨雨，却完好如初。有趣的是，神州各处的庙宇、道观、书院，所建的阁楼都是重檐八角或六角，讲究对称和谐。而奎文阁却三檐九角，其正殿就是阁底。垂花门、龙门、墙垣以及相邻的配殿，无不为汉文化风格。伫立在阁顶，透过窗棂，一团团绿云在四周飘浮，霞光又在绿云上镶一道金边，其变幻莫测的云霭，实际上都是由奎文阁后面那层层叠翠的山峦赐予。奎文阁坐落在这青山绿水间，更显出"万绿丛中一点红"的亮丽。

　　奎文阁院四周植有松柏、梧桐、紫荆、桂花等古树二十余株，一待轻风弄树，飒飒作响，如语如歌，八月桂花盛开的时候，香飘十里，沁人肺腑。

蓬莱阁

　　蓬莱阁位于山东省蓬莱县城北约1千米处，是古代登州府署所在地，管辖着九个县一个州，是当时中国东方的门户。久负盛名的登州古港，是中国古代北方重要的对外贸易口岸和军港，与我国东南沿海的泉州、明州（宁波）和扬州，并称为中国四大通商口岸，而且是我国目前保存得最完好的古代海军基地。蓬莱依山傍海，所以又以"山海名邦"著称于世，山光水色堪称一绝。

　　蓬莱阁与洞庭湖畔的岳阳楼、南昌滕王阁、武昌黄鹤楼齐名，被誉为我国古代四大名楼。蓬莱阁虎踞丹崖山巅，它由蓬莱阁、天后宫、龙五宫、吕祖殿、三清殿、弥陀寺六大单体及其附属建筑组成规模宏大的古建筑群，面积为1.89万平方千米。同时，这里也是观赏"蓬莱十大景"中"仙阁凌空""渔梁歌钓"二景的最佳地点。蓬莱阁高踞丹崖极顶，其下断崖峭壁，倒挂在碧波

之上，偶有海雾飘来，层层裹缠山腰，画
栋雕梁，直欲乘风飞去。游人居身阁
上，但觉脚下云烟浮动，有天无
地，一派空灵。蓬莱阁下面的海
里，道道礁石高出水面，如翘如
跃，名曰"渔梁"。时有三五老翁
垂钓其上，得鱼掬水而烹，佐酒怡
然自得，乐极而歌，此唱彼和，一派
恬淡情韵，大似桃花源中的世界。

　　蓬莱阁的主体建筑建于宋朝嘉祐六年（1061），坐落于丹崖极顶，阁楼
高15米，坐北朝南，系双层木结构建筑，阁上四周环以明廊，可供游人登临远
眺，是观赏"海市蜃楼"奇异景观的最佳处所。阁中高悬一块金字模匾，上有
清代书法家铁保手书的"蓬莱阁"三个苍劲有力的大字，东西两壁挂有名人学
者的题诗。位于蓬莱阁下的仙人桥，结构精美，造型奇特，传说为"八仙"过
海的地方。

　　登临阁廊，举目远望，长山列岛时隐时现，东北海疆碧波连天，春、夏

之际，海市蜃楼
时时光临登州海
上，令人耳目一
新，心旷神怡。
阁南有三清殿、
吕祖殿、天后
宫、龙王宫等道
教宫观建筑，均
依丹崖山势而
筑，层层而上，
高低错落，与阁
浑然一体，总建

筑面积达18900余平方米；阁东有苏公祠，东南建观澜亭，为观赏东海日出之所，西侧有海市亭，因观望海市蜃楼之境而得名，又因其三面无窗，亭北临海处筑有短垣遮护，亭外海风狂啸，亭内却燃烛不灭，故又名"避风亭"，亭内墙壁上嵌有袁可立《观海市》石刻九方。整个建筑陡峭险峻，气势雄伟，朱碧辉映，风光壮丽，是山东著名的旅游胜地。

现在，广义上的蓬莱阁和蓬莱水城，已在1982年被国务院列为全国重点文物保护单位。

小故事

蓬莱阁下面，有一座结构精美、造型奇巧的"仙人桥"，这就是传说中八仙过海的地方。

八仙过海是我国一个有名的神话故事。一次，八仙在山东蓬莱阁聚会饮酒，酒至酣时，铁拐李提议乘兴到海上一游。众仙齐声附和，并说好各凭道法渡海，不准乘舟。汉钟离袒胸露腹仰躺在扇子上，向远处漂去。何仙姑伫立在荷花之上，随波漂游。随后，吕洞宾、张果老、曹国舅、铁拐李、韩湘子、蓝采和也纷纷借助宝物大显神通，游向东海。

八仙的举动惊动了龙宫，龙王率虾兵蟹将出海观望，言语间与八仙发生冲突并将蓝采和掳入龙宫。八仙大怒，各展神通，上前厮杀，腰斩两个龙子，虾兵蟹将抵挡不往，纷纷败下海去。东海龙王请来南、北、西三海龙王，合力翻动五湖四海之水，掀起狂涛巨浪，直奔八仙而来。此时恰好南海观音菩萨经过，喝住双方并出面调停，直至东海龙王释放蓝采和，双方才罢战。八仙拜别观音，各持宝物，兴波逐浪遨游而去。

山东聊城山陕会馆戏楼

　　位于山东聊城东昌府区东莞古运河西畔的山陕会馆，是山西、陕西客商集资合建的一处神庙、会馆与戏楼相结合的古建筑群。

　　会馆始建于清乾隆八年（1743），起初规模不大，只有正殿、戏台和一排楼群，但浓烈的思乡之情使山陕商人不惜耗巨资继续进行了八次扩建，历经66年，到清嘉庆十四年（1809）才形成现在的规模。会馆东西长77米，南北宽43米，占地面积为3311平方米。保留至今的有山门、戏楼、夹楼、钟楼、鼓楼、南北看楼、南北碑亭、关帝殿、财神殿、火神殿等160多间。会馆整体建筑布局紧凑，错落有致，装饰华丽，是我国古代建筑中的瑰宝，对于研究我国古代建筑史具有极其重要的意义，也是研究我国古代商业史、经济史、戏剧史、运河文化史以及书法、绘画、雕刻艺术史的珍贵资料。尤其是建筑中诸多颂扬经济的楹联和碑刻上所记载的商号名称及其捐银数目等，对研究我国清代资本主义的产生具有重要价值。新中国成立后，党和国家领导人非常重视山陕会馆的保护与维修工作。特别是自今年以来，国家文物局和省市

地方政府已陆续投资对山陕会馆进行了维修和复原，1988年被列为全国重点文物保护单位。

　　山陕会馆最为有名的当属戏楼，被誉为全国此类建筑之冠。走进会馆山门，迎面便是华美的戏楼，戏楼门上写着"岑楼凝霞"，其意为戏楼虽小，但高可与彩霞相接，内饰华丽，好似彩霞一般。门两边各有一幅线雕石版画，左为松鹤，右为梅花鹿。戏楼坐东朝西，二重檐两层，歇山式正脊，左右各出歇山，成十翼角，挑脚斗拱，犬牙交错，如飞龙在天，又似凤凰展翅。

醉翁亭

　　宋庆历五年（1045），欧阳修来到滁州，认识了琅琊寺住持智仙和尚，并很快结为知音。为了便于欧阳修游玩，智仙特地在山麓建造了一座小亭，欧阳修诗兴大发，亲自作了一篇游记，这就是有名的《醉翁亭记》。从此，欧阳修常同朋友到亭中游乐饮酒，"太守与客来饮于此，饮少辄醉，而年又最高，故自号曰醉翁也。""醉翁亭"因此得名。醉翁亭坐落在安徽省滁州市西南琅琊山麓，与北京陶然亭、长沙爱晚亭、苏州沧浪亭并称"中国四大名亭"。

　　醉翁亭小巧独特，具有江南亭台的特色。它紧靠峻峭的山壁，飞檐凌空挑

出。数百年来虽屡次被毁，又屡次复建，终不为人所忘。新中国成立后，人民政府将醉翁亭列为省级重点文物保护单位，并多次修缮。

醉翁亭一带的建筑，布局紧凑别致，具有江南园林的特色。总面积虽不到1000平方米，却有九处各不相同的景致。醉翁亭、宝宋斋、冯公祠、古梅亭、影香亭、意在亭、怡亭、古梅台、览余台，风格各异，人称"醉翁九景"。醉翁亭前有"让泉"，终年水声潺潺，清澈见底。琅琊山不仅山色淡雅，而且文化渊源久远。自唐宋以来，韦应物、欧阳修、辛弃疾、王安石、梅尧臣、宋濂、文徵明、曾巩、薛时雨等历代文人墨客，均在此赋诗题咏。亭后最高处有一高台，名曰"玄帝宫"，登台环视，只见群山滴翠，百鸟齐鸣，令人心旷神怡！

醉翁亭中有宋代大文豪苏轼手书的《醉翁亭记》碑刻，被称为"欧文苏字"。"环滁皆山也。其西南诸峰，林壑尤美。"而"醉翁之意不在酒，在乎山水之间也"，到底是何等的景色，让嗜酒之人不为酒醉，又是如何的秀峰俊壑令其神意皆醉？带着这些好奇与憧憬，人们络绎不绝地探入这片韵味无限的画境。虽山不甚高，但清幽秀美，四季皆景。山中沟壑幽深，林木葱郁，花草遍野，鸟鸣不绝，琅琊榆亭亭如盖，醉翁榆全国特有，琅琊溪、玻璃沼、曲水流觞溪流淙淙；让泉、濯缨泉、紫薇泉等泉泉甘洌，归云洞、雪鸿洞、重熙洞、桃源洞等洞洞神奇。更有唐建琅琊寺、宋建醉翁亭和丰乐亭等古建筑群，以及唐、宋以来摩崖碑刻几百处，其中唐代吴道子绘《观自在（即观音）菩萨》石雕像和宋代苏东坡书《醉翁亭记》《丰乐亭记》碑刻，被人们视为稀世珍宝。古人称之为兼有名山、名寺、名亭、名泉、名文、名碑、名洞、名林的"皖东八名胜境"，蔚然深秀的琅琊山历来享有"蓬莱之后无别山"的美誉。

山行六七里，见小桥流水，溪水源头近在眼前，是为酿泉。柏油路戛然而止，过桥则为古朴的青石板路。"临于泉上"的醉翁亭虽藏于庭院中，上翘的亭角却看得真真切切。"翁去百余载，醉乡犹在；山行六七里，亭影不孤"，挂在亭柱上的一副对联道出了园林的实貌。亭前曲水流觞，流水不腐；亭后"二贤堂"，纪念的是欧阳修和王禹这两位宋朝太守。附近的"宝宋新斋"供奉着"欧文苏字"的《醉翁亭记》石刻，崇文重教的当地人把这份"宋宝"用玻璃罩起来，盖座亭子遮风雨，细心地呵护着。出亭西，有欧公手值的"欧梅"，千年古树高达十数米，枝头万梅竞放，树下落红护花。

屯溪万粹楼

这家名为"万粹楼"的博物馆，位于安徽省黄山脚下的屯溪老街，面积为2000多平方米，融合了徽派民居、园林、府第、商铺的建筑风格。馆内陈列着主人收藏的大批文物，以及500多件当代名人字画、900方珍贵砚台。

屯溪万粹楼是我国罕见的一座徽派古建筑和私人徽文化艺术博物馆，楼主为万仁辉先生。走进万粹楼，飞梁红柱，宽敞开阔，一池清水，石雕小桥，轩顶挂落，精雕细刻，古董家具摆设堂前；堂侧塔形天井，鱼儿在水中游来游去，悠然宁静，仿佛置身于明清时代；二楼展厅陈列着历代文物以及名家瓷板艺术；三楼前厅后巷，弄外回廊，古色大画，一派徽式居民宅厅；四楼屋顶花园，青瓦白墙，花坛盆景，徽式园林风格尽显其中，凭栏远望，钱安江水，古街风光，尽收眼底。

万粹楼，"藏万千精粹于斯楼"，楼中藏有远古的恐龙化石、汉代佛像、鎏金菩萨、明朝景泰蓝缠枝纹铁缸、嘉靖鱼化龙铸钟、康熙十连屏风木雕、乾隆时期的大供桌、民国血檀木雕、缂丝宫灯、竹刻对联、木刻对联、陶瓷漆沙对联、抱柱联、九百方砚以及傅抱石、唐云、朱屺瞻、关山月等500余件当代名家作品。万粹楼留住了岁月的痕迹，重筑了民族艺术的结晶，它是新世纪的江南名楼，为黄山又添一佳景。

得月楼

得月楼位于江苏省苏州虎丘半堂野芳浜口，始建于明朝嘉靖年间，距今已有400多年的历史，是苏州十大建筑之一。得月楼重建于1982年，移址到苏州繁华中心太监弄，是驰名中外的中华老字号。得月楼建筑古朴，一步一景、疏中有密，置身其中可领略苏州古典园林风貌。20世纪80年代的电影《小小得月楼》放映后，慕名而来的中外顾客每年达数十万人次，先后接待过泰国诗琳通公主、意大利威尼斯市长、三毛、孙晋芳、郎平等知名人士。得月楼发展迅猛，1995年开设苏州小吃园，专营苏州风味小吃。1999年开设得月楼新大楼，以豪华的宴会大厅、风貌各异的包厢和精致的苏州船菜、船点著称。三店相得益彰，年销售额达3000万元，是苏州餐饮业的著名菜馆。

明代戏曲作家张凤翼赠诗得月楼云："七里长堤列画屏，楼台隐约柳条青，山公入座参差见，水调行歌断续听，隔岸飞花游骑拥，到门沽酒客船停，我来常作山公醉，一卧垆头未肯醒。"从张凤翼的诗中，我们便可以看出，早在400多年前，得月楼就已经盛极一时、蜚声吴中了。沧海桑田，古时的得月楼随着历史的变迁和改朝换代，或已移址或已湮灭，只成为历史上的一种记载，直至清代乾隆年间，仍有不少文人墨客题诗赞美得月楼。当年乾隆皇

帝下江南的时候，在得月楼用膳，因其菜肴味道极为鲜美，赐名"天下第一食府"。

得月楼名师荟萃，技术力量雄厚，传承苏帮菜点，注重精益求精，讲究色香味形，努力保持原汁原味，常年供应品种达300多种，并配有春夏秋冬四季时令菜点飨客。名菜名点有：松鼠鳜鱼、得月童鸡、西施玩月、蜜汁火方、虫草甫里鸭、碧螺虾仁、枣泥拉糕、苏式船点等。特别擅长制作明代流传下来的船菜船点、吴中第一宴。

得月楼于1993年被贸易部首批命名为中华老字号，并先后获得中华餐饮名店、全国十佳酒家、国家特级酒家、全国绿色餐饮企业、商务部"市场运行监测工作先进单位"、省级文明单位、市级文明单位、苏州市十强餐饮企业、苏州市建设健康城市先进单位、苏州市卫生A级单位、苏州市价格信用单位2A级、苏州市诚信单位等数十项荣誉。

胜棋楼

　　胜棋楼坐落在江苏省南京市莫愁湖畔，始建于明洪武初年，重修于清同治十年（1871）。楼的建筑形式为二层五开间，刻工精美，正门中堂有棋桌，相传这里是明太祖朱元璋与大将徐达对弈的地方。一次，朱元璋与徐达下棋，眼看胜局在望，便脱口问徐达："爱卿，此局以为如何？"徐达微笑着点头答道："请万岁纵观全局！"朱元璋连忙起身细看棋局，不禁失声惊叹："哦！朕实不如徐卿也！"原来徐达竟将棋子布成"万岁"二字。朱元璋为了嘉奖徐达的功绩和棋艺，当即将"对弈楼"和整个莫愁湖花园钦赐给徐达，并将"对弈楼"更名为"胜棋楼"。至今"胜棋楼"内还挂有徐达的肖像。

　　胜棋楼是莫愁湖内的主要景点。它是一座融汇明清风格的历史建筑，楼分两层，青砖小瓦，造型庄重，工艺精美，楼内现陈列朱元璋与徐达对弈的棋桌、画像以及复制的龙袍和衣冠、古玩玉器以及用象牙雕刻而成的明清红木家具数百件，堪称"金陵之最"。登上此楼可远眺钟山龙盘，石城虎踞，俯瞰湖心亭，湖景全貌与波光云影尽收眼底，令人心旷神怡。

阅江楼

　　阅江楼位于江苏省南京下关的狮子山上。建阅江楼的计划，始于明朝开国皇帝朱元璋。因朱元璋曾在狮子山上击败劲敌陈友谅，为建立大明王朝奠定了基础。明洪武七年（1374），朱元璋决定在狮子山上建一座楼阁，亲自命名为阅江楼并撰写《阅江楼记》。但朱元璋在写了楼记、阅江楼也打了地基后又突然决定停建。新建的阅江楼整体呈"L"型，主翼面北，次翼面西，两翼均可观赏长江风光。主楼在两翼的犄角处，外四内三，共计七层，总高度为51米，总建筑面积为5000多平方米，两翼各以歇山顶层次递减，屋顶犬牙交错，跌宕多变；屋面覆盖黄色琉璃瓦，并镶有绿色琉璃瓦，色彩鲜丽；檐下斗拱彩绘各异，廊柱、门窗红中呈暗，更显古色古香。阅江楼为中国十大文化名楼之一。

与武汉黄鹤楼、岳阳岳阳楼、南昌滕王阁合称"江南四大名楼"。

　　"一江奔海万千里，两记呼楼六百年"，这副绝妙的对联，是南京阅江楼600年风雨沧桑的真实写照。登上阅江楼，放眼远眺，但见浩瀚的大江滚滚东去，一览

无余，仿佛是郑和下西洋以来的600年烟雨尽收眼底。阅江楼的工作人员介绍说，当年郑和庞大的船队就是从南京下关龙江下水，浩浩荡荡地从这里驶向太仓刘家港的起锚地。

阅江楼碧瓦朱楹、飞檐峭壁、朱帘凤飞、彤扉彩槛，具有鲜明的明代风格。内部布局围绕着明太祖朱元璋和明成祖朱棣两代帝王的政治主张展开。在底层，最值得看的是一椅、一壁、一匾。摆放在金字靠壁前的是一把"朱元璋龙椅"，虽是仿制品，但由上等优质红木制成，重量超过千斤。龙椅的靠背上雕有九条龙，刻工精细、形象生动。东侧的一匾，题为"治隆唐宋"，为康熙所书。二层有一船、一画，明朝永乐帝朱棣取消海禁，为图扩大贸易和文化交流，当时南京下关地区是座造船厂，船厂打造了许多船，最长的船长138米，宽56米，航行时有九桅十二帆，载重量达7000吨，在600年前可算世界之最。这幅巨型瓷画，反映了公元1405~1433年间郑和七下西洋的辉煌历史。画高12.8米，宽8米，画面由十二个部分组成，色彩斑斓，气势磅礴。其中有建造宝船、科学航海、征服海洋、和平外交、睦邻友好、传播文明、平等经贸、文化交流等盛况，以及西洋各国的风土人情。

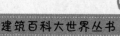

　　巨幅瓷画上还反映了永乐皇帝建造"静海寺""天妃宫"以及立"天妃宫牌"，为郑和航海祈求平安的情景。厅内有一条复制的郑和宝船和一个锈迹斑斑的巨大铁锚，这两件实物，生动具体地证明了南京是郑和下西洋的主要造船地，也是当时世界上最大的造船基地。

　　在阅江楼的二楼，展示了郑和下西洋期间及明朝十六位皇帝像，排在前几位的就是与郑和同时代的明太祖朱元璋、明成祖朱棣等。同时还展示了明朝的灿烂文化，有明朝版图、名家书画、科学技术，详尽地介绍了郑和下西洋期间中国先进的科学、文化。

　　阅江楼风景区还创下五个全国之最。

　　石狮子——目前中国最大的一对雄狮，高4.8米，重约30吨，用苏州金山石整块雕刻而成，风格按照明太祖时期盱眙县明祖陵的守门狮子刻制。两只雄狮气势雄浑，具有皇家气概。

　　汉白玉碑刻——朱元璋撰写的《阅江楼记》，由当代书法家抄写，碑的背面刻的是宋濂所写的《阅江楼记》，被选入《古文观止》。汉白玉从北京房山开采出来，高约3.1米，宽4.8米，重15吨，是全国最大的汉白玉碑刻。

　　阅江楼鼎——全国最大的仿西周后母戊鼎，重4吨，鼎上刻篆字："狮梦觉兮鬣张，子孙骄以炎黄，山为挺其脊梁，阅万古之长江，江赴海而浩荡，楼排云而慨慷，鼎永铸兹堂堂。"这七句话每句的第一个字连起来念，就是"狮子山阅江楼鼎"。

　　郑和下西洋瓷画——中国最大的瓷画，高12.8米，宽8米。壁画背后是唐伯虎和祝枝山的作品。

　　青铜浮雕——全国最大的青铜浮雕，高2米，宽8米，由雕塑大师吴为山作。

中山陵藏经楼

藏经楼位于江苏省南京中山陵与灵谷寺之间的密林中，现为孙中山纪念馆，是一座仿清代喇嘛寺的古典建筑。由著名建筑师卢奉璋设计，1935年冬竣工。

藏经楼的"藏"，读zàng，是指佛教里的三藏：经藏、律藏、论藏，另外还有分类的意思。藏经楼是中国佛教协会于1934年11月发起募建的，次年10月竣工，是孙中山奉安中山陵后修建的纪念性建筑物，专为收藏孙中山先生的物品而建，还展出奉安大典珍贵史料。

藏经楼包括主楼、僧房和碑廊三部分。面积达3000多平方米，主楼为宫殿式建筑，外观又像一座寺院楼，高20.8米。楼前广场正中的花台上竖有一尊高2.6米的孙中山先生全身铜像。楼后有长达125米的碑廊，上刻孙中山先生所著《三民主义》全文。藏经楼以及碑廊、碑刻是中山陵一处重要的纪念性建筑。在三楼屋檐正中悬有一方直额，上书"藏经楼"三字，黑底金字，由当代著名书法家武中奇题写。1987年5月7日，经南京市人民政府批准，将藏经楼辟为孙中山纪念馆。民革中央名誉主席屈武亲笔题的"孙中山纪念馆"楷书阴刻六个鎏金大字横匾，悬挂在主楼底屋正门上方。

主楼是一座钢筋混凝土结构重檐歇山式宫殿建筑，屋顶覆绿色琉璃瓦，屋脊及屋檐覆黄色琉璃瓦，正脊中央竖有紫铜鎏金法轮华盖，梁、柱、额、枋均饰以彩绘，整座建筑内外雕梁画栋，金碧辉煌，气势雄伟，极为壮观。共三层，底层为讲经堂，并有夹楼听座；二楼为藏经、阅经及研究室；三楼为藏经室，总面积为1600平方米。一楼中部大厅上高悬一座火炬形大吊灯，厅顶部饰有鎏金的八角形莲花藻井，显得豪华宏丽。楼后有回廊式建筑，长125米，壁面镶砌的是冯玉祥将军捐赠的《三民主义》学说全文碑刻，是一组书刻俱佳的珍贵文物。

　　僧房五间，建在中轴线上，僧房后建有东西厢房四间。东西碑廊各25间，廊壁镶嵌爱国将领冯玉祥捐献的河南嵩山青石碑138块，碑高1.9米，宽0.9米，碑文为孙中山先生《三民主义》全文，共计15.5万余字，都出于国民党元老名家手笔。由苏州吴县石刻艺人唐仲芳带领弟子用了一年半时间完成。由于书写者不同，因此刻出的碑文风格各异。138块碑刻是近代文物的一个重要组成部分。1937年，日本侵略者侵占南京后，将主楼、僧房及碑廊付之一炬，主楼系用钢筋水泥构造而幸免于难，而碑廊因用砖瓦木结构，当时便化为灰烬，仅剩碑廊基础及碑刻。"文革"期间，碑廊、碑刻与藏经楼也同样遭到严重破坏。战火中幸存的9间碑廊被拆，138块碑刻无一幸免。要使这组技术复杂且又珍贵的历史文化遗产按原貌再现，任务甚是艰巨。经文物部门和专家学者多次研究修复方案，又经四个单位试修，最后确定选字刀法、风格和做法力争与原构件相符，在不准更新、不失原貌的前提下制订了能黏接的黏接，能修补的修补的修复方案，基本恢复了其原貌。

黄鹤楼

　　今天我们所看到的黄鹤楼，是1984年武汉市人民政府重新修建的。因修建武汉长江大桥而将其从原来的黄鹄矶移到了蛇山的高观山上。黄鹤楼是一座钢筋混凝土仿木结构建筑，高51米，仅次于滕王阁，从外表看为五层，实际上还有五个夹层，共有十层。底层外檐柱对径为30米，中部大厅正面墙上设大片浮雕，表现历代有关黄鹤楼的神话传说；三层设夹层回廊，陈列相关的诗词书画；二、三、四层外有四面回廊，可供游人远眺；五层为瞭望厅，可在此观赏大江景色。附属建筑有仙枣亭、石照亭、黄鹤归来小景等。黄鹤楼是武汉市的标志和象征。黄鹤楼与湖南岳阳楼、江西滕王阁并称"中国三大名楼"。

黄鹤楼始建于三国时期东吴夺回荆州之后（223）。最初建楼的目的是东吴为了防御蜀汉刘备的来犯，作为观察瞭望之用。历史上关于黄鹤楼有很多有趣的传说，其中流传最广的是，有一户姓辛的人家，在黄鹄矶上开了一个小酒馆，他心地善良，生意做得很好。一次，酒家热情地招待了一个身着褴褛道袍的道士，并分文不收，而且一连几天都是如此。一天，道士酒后用橘子皮在墙上画了一只黄鹤，随后两手一拍，墙上的黄鹤竟跳到桌旁翩翩起舞。道士对这个姓辛的酒家说，画只黄鹤替你们招揽生意，以报答酒家的款待之情。从此以后，来此饮酒观鹤的人越来越多，一连10年，酒店的生意都十分兴隆。酒家也因此一天天地富裕起来。酒家为了感谢道士，用10年来赚下的银两在黄鹄矶上修建了一座楼阁。起初人们称之为"辛氏楼"。后来，为了纪念道士和黄鹤而改称"黄鹤楼"。

黄鹤楼在历史上是文人墨客会聚的场所，并留下了很多不朽的名篇。唐代诗人崔颢的七律——《黄鹤楼》："昔人已乘黄鹤去，此地空余黄鹤楼。黄鹤一去不复返，白云千载空悠悠。晴川历历汉阳树，芳草萋萋鹦鹉洲。日暮乡关何处是？烟波江上使人愁。"将黄鹤楼的地理、环境、传说和楼的雄姿，表

达得淋漓尽致，以至于唐代大诗人李白到此之后，想写诗赞颂黄鹤楼，因为看到了崔颢的佳作，不得不发出"眼前有景道不得，崔颢题诗在上头"的感叹。历代登楼赋诗者众多，仅唐代就有崔颢、李白、王维、孟浩然、顾况、韩愈、刘禹锡、白居易、杜牧等。像李白所写的《黄鹤楼送孟浩然之广陵》："故人西辞黄鹤楼，烟花三月下扬州。孤帆远影碧空尽，唯见长江天际流。"全诗气势磅礴，情景交融，古

往今来一直被人们所称道。

　　黄鹤楼为攒尖顶，层层飞檐，四望如一。在主楼周围还建有胜象宝塔、碑廊、山门等建筑。整个建筑具有独特的民族风格。黄鹤楼内部，层层风格都不一样。底层为一个高大宽敞的大厅，其正中藻井高达10多米，正面壁上为一幅巨大的"白云黄鹤"陶瓷壁画，两旁立柱上悬挂着长达7米的对联：爽气西来，云雾扫开天地撼；大江东去，波涛洗净古今愁。二楼大厅正面的墙上，有用大理石镌刻的唐代阎伯谨撰写的《黄鹤楼记》，它记述了黄鹤楼的兴废沿革及相关的名人轶事。楼记两侧为两幅壁画，一幅是"孙权筑城"，形象地说明了黄鹤楼和武昌城相继诞生的历史；另一幅是"周瑜设宴"，反映了三国名人在黄鹤楼的活动。三楼大厅的壁画为唐宋名人的"绣像画"，如崔颢、李白、白居易等，也摘录了他们吟咏黄鹤楼的名句。四楼大厅用屏风分割成几个小厅，内置当代名人字画，供游客欣赏、选购。顶层大厅有《长江万里图》等长卷、壁画。

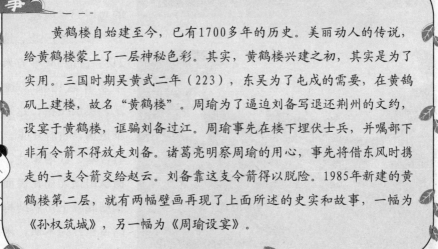

小故事

　　黄鹤楼自始建至今，已有1700多年的历史。美丽动人的传说，给黄鹤楼蒙上了一层神秘色彩。其实，黄鹤楼兴建之初，其实是为了实用。三国时期吴黄武二年（223），东吴为了屯戍的需要，在黄鹄矶上建楼，故名"黄鹤楼"。周瑜为了逼迫刘备写退还荆州的文约，设宴于黄鹤楼，诓骗刘备过江。周瑜事先在楼下埋伏士兵，并嘱部下非有令箭不得放走刘备。诸葛亮明察周瑜的用心，事先将借东风时携走的一支令箭交给赵云。刘备靠这支令箭得以脱险。1985年新建的黄鹤楼第二层，就有两幅壁画再现了上面所述的史实和故事，一幅为《孙权筑城》，另一幅为《周瑜设宴》。

晴川阁

　　晴川阁位于湖北省武汉市汉阳区晴川街，坐落在长江北岸、龟山东麓的禹功矶上，北临汉水，东濒长江，与黄鹤楼隔江对峙，又名"晴川楼""南楼""白云阁"。其阁名取自崔颢《黄鹤楼》中的诗句"晴川历历汉阳树，芳

草萋萋鹦鹉洲"，被誉为"楚国晴川第一楼"。始建于晋，明崇祯九年（1636）重建，原楼毁于风灾，明、清两代先后进行了多次重修，规模一次比一次宏大。现在我们所看到的为1983年所建，阁高39.7米，地上4层，地下2层，占地386平方米，十字脊歇山顶，琉璃瓦，层层飞檐，建筑典雅透逸，古朴庄重。麻石台基，红墙朱柱，重檐歇山顶黑筒瓦屋面，钢筋混凝土仿木结构，门窗栏杆为木质，朱漆彩绘。屋面四角向外伸

出，深出檐，高起翘。正面牌楼悬挂"晴川阁"金字巨匾。其北侧为"园中园"，园中青草如茵，竹木葱茏，瘦石嶙峋，幽静雅致。晴川阁再现了楚人依山就势筑台，台上建楼阁的雄奇风貌，并富有浓郁的楚文化气息。两层飞檐四角铜铃，迎风作响；大脊两端龙形

饰件，凌空卷曲，神采飞动；素洁粉墙，灰色筒瓦；两层回廊，圆柱朱漆；斗拱梁架，通体彩绘；对联匾额，字字贴金。总体上晴川阁的装修构件以木石为主，在门窗上采用了玻璃及少量金属部件。

晴川阁是湖北省重点文物保护单位。因与对岸黄鹤楼隔江对峙，相映生辉，被称为"三楚胜境"。名冠四方的楼阁隔岸相对，在万里长江上唯此一处。

晴川阁的历史虽然没有黄鹤楼、岳阳楼那样悠久，但由于其所处的独特的地理环境、独具一格的优美造型以及诸多文人名士的赞咏，赢得了重要的历史地位，有"楚国晴川第一楼"的美誉。

晴川阁于1986年10月1日正式对外开放。1992年，禹稷行宫、晴川阁被湖北省政府公布为省级文物保护单位。1995年被命名为武汉市爱国主义教育基地。1999年荣获"湖北省十佳文博单位"。2002年被国家旅游局评定为3A级景区。

现在的晴川阁建筑群占地约1万平方米，平面呈三角形，由晴川阁、禹稷行宫、铁门关三大主体建筑和禹碑亭、朝宗亭、楚波亭、荆楚雄风碑、禹碑、敦本堂碑以及牌楼、临江驳岸、曲径回廊等十几处附属建筑组成。重建后的晴川阁，以南方建筑风格为主，融合南北建筑风格之长，使楼阁的雄奇、行宫的古朴、园林的秀美浑然一体，成为武汉市著名的文物旅游景观。

岳阳楼

岳阳楼位于湖南省岳阳市洞庭湖西岸，是三国时期（215）东吴将领鲁肃为了对抗驻守荆州的蜀国大将关羽所修建的阅兵台，当时称为"阅军楼"。西晋南北朝时期称"巴陵城楼"，中唐李白赋诗之后，始称"岳阳楼"。千百年来，无数文人墨客在此登览胜境，凭栏抒怀，并记之于文，咏之于诗，形之于画，工艺美术家也多以岳阳楼为题材刻画洞庭景物，使岳阳楼成为艺术创作中被反复描摹、久写不衰的一个主题。登岳阳楼可浏览八百里洞庭湖的湖光山色。据记载，这就是岳阳楼最早的原形，也是江南三大名楼修建年代最早的楼阁。

唐开元四年（716），中书令张说遭贬，谪戍岳州（今岳阳市）。次年，张说便在鲁肃的阅军楼旧址上重建了一座楼阁，并正式定名为"岳阳楼"。

北宋庆历四年（1044），大臣

滕子京受排挤，被贬岳州后，重修了岳阳楼。建成后，滕子京请当时的名臣、大文学家范仲淹写下了一篇脍炙人口的《岳阳楼记》，其中的"先天下人之忧而忧，后天下人之乐而乐"被广为传诵，亘古不衰。岳阳楼也与范仲淹的这篇《岳阳楼记》一起声名远播。

现在岳阳楼的一层和二层大厅中各镶嵌着一块用紫檀木雕刻的《岳阳楼记》。但为什么一个楼里要放两块同样文章的碑刻呢？据说，《岳阳楼记》是清代乾隆年间大书法家张照的手笔，其书法、雕刻加之上乘的木质，堪称世间佳品。后来当地有一位擅长书法的县官，为了显示自己，想借岳阳楼和范仲淹的这篇文章而使自己能够名垂青史，便模仿了张照的笔迹，重新抄写了一篇《岳阳楼记》，也刻在质地同样的木板上，就连字体的大小、形状也与张照的《岳阳楼记》一模一样。但是刻字匠对县官的这种偷梁换柱的行为心怀不满，但又不敢违抗，便将其中"居庙堂之高，则忧其民"中"居"字的一撇故意刻得很细，使其与正常的字区分开。刻好后，县官便把张照的《岳阳楼记》拆下来，换上了自己的，然后将张照的手书放在船上企图运往别处，不料船行至洞庭湖中时，风浪大作，船翻于湖中，县官和张照手书的《岳阳楼记》碑刻均落入水中，县官被淹死了。在以后洞庭湖的清淤中人们将张照的《岳阳楼记》打捞了上来，因其雕刻于很好的木质之上，张照的手书没有因水泡受到太大的损坏。由于县官和张照的两块《岳阳楼记》的笔迹太相似了，都算得上是书法中的珍品，所以真假两块《岳阳楼记》的碑刻就同时挂在岳阳楼的一层和二层了。

现在我们看到的岳阳楼，是江南三大名楼中唯一一个木质结构的建筑，在清朝时期重修，历经百余年加之几十年的战乱都没有遭到毁坏。虽说楼的高度仅有19.72米，比滕王阁和黄鹤楼的规模小得多，但是这个屹立在洞庭湖边上的古代建筑，是保存完好的中国古代传统建筑风格的楼阁。

岳阳楼耸立在湖南省岳阳市西门城头、紧靠洞庭湖畔。自古有"洞庭天下水，岳阳天下楼"之誉，与江西南昌的滕王阁、湖北武汉的黄鹤楼并称为"江南三大名楼"。北宋范仲淹脍炙人口的《岳阳楼记》更使岳阳楼闻名于世。现在的岳阳楼为1984年重修，沿袭了清朝光绪六年（1880）所建时的形制。1988年1月被国务院确定为全国重点文物保护单位，同年8月被列为国家重点风景名胜保护区。2001年1月被评为首批国家4A级旅游景区。

岳阳楼的建筑构制独特，风格奇异。其气势之壮阔，构制之雄伟，堪称江南三大名楼之首。岳阳楼为四柱三层，飞檐、盔顶、纯木结构，楼中四柱高耸，楼顶檐牙啄，金碧辉煌。中部以四根直径为50厘米的楠木大柱直贯楼顶，承载楼体的大部分重量。再用12根圆木柱子支撑2楼，外以12根梓木檐柱，顶起飞檐。彼此牵制，结为整体，全楼梁、柱、檩、椽全靠榫头衔接，相互咬合，稳如磐石。岳阳楼的楼顶为层叠相衬的"如意斗拱"托举而成的盔顶式，这种拱而复翘的古代将军头盔式的顶式结构在我国古代建筑史上是独一无二的。

岳阳楼是江南三大名楼中唯一一座保持原貌的古建筑，它的建筑艺术价值无与伦比。岳阳楼是长江黄金旅游线上湖南境内的唯一景点，是岳阳市对外开放的重要窗口和岳阳旅游业的龙头。

小故事

相传唐大历三年冬（768），杜甫来岳州时，搭乘了一个叫稚子的后生的船。稚子心地善良，喜爱诗歌，见这位老者身染重病，身体非常虚弱，却仍在吟诗，便顿生敬意，挽留老者在他船上暂住养病。那天，他们同登岳阳楼。回船后，老者挥毫作《登岳阳楼》。稚子从其落款得知老者就是自己最崇敬的大诗人，俯身便拜。杜甫便把诗稿送给了稚子。此后，稚子每天白天打鱼，晚间便向杜甫求教诗艺。冬去春来，杜甫病情好转，便辞别稚子前往郴州。一年后，稚子与杜甫在潭州相遇，便将越加衰老的老人请回岳州休养。不久，杜甫与世长辞。稚子痛心疾首，在岳阳楼下的湖泊上为诗人立了石碑，上刻诗人遗容和那首《登岳阳楼》。后来石碑湮没。现在的怀甫亭据说就建在当年立碑的地方。

爱晚亭

　　爱晚亭，始建于清乾隆五十七年（1792），坐落在湖南省长沙市的岳麓山上。亭在三峰环抱之中，四周为枫林，一入深秋，满山红叶，景色迷人。爱晚亭，原名"红叶亭"。旧载，清代诗人袁枚据唐代诗人杜牧诗"停车坐爱枫林晚，霜叶红于二月花"将其改为现在的名字。据近来的研究，实系清代学者毕沅任湖广总督时所改。毛泽东在长沙读书期间，常与蔡和森、罗学瓒等进步学生来此学习，研究和探讨革命真理。现在的亭子为1952年重修，毛泽东亲题"爱晚亭"匾额。

　　爱晚亭与醉翁亭、西湖湖心亭、陶然亭并称"中国四大名亭"，是革命活动胜地，为省级重点文物保护单位。

　　爱晚亭坐西向东，三面环山。经过同治、光绪、宣统、民国至新中国成立后的多次大修，逐渐形成了今天的格局。亭形为重檐八柱，琉璃碧瓦，亭角飞翘，自远处观之似凌空欲飞状。内为丹漆园柱，外檐四石柱为

花岗岩，亭中彩绘藻井，东、西两面亭楔悬以红底鎏金的"爱晚亭"匾额，是由当时的湖南大学校长李达专函请毛泽东主席所书。亭内立碑，上刻毛泽东主席手书《沁园春·长沙》诗句，笔走龙蛇，雄浑自如，更使古亭流光溢彩。该亭三面环山，东向开阔，有平纵横十余丈，紫翠菁葱，流泉不断。亭前有池塘，桃柳成行。四周皆枫林，深秋时红叶满山。亭前石柱刻对联："山径晚红舒，五百天桃新种得；峡云深翠滴，一双驯鹤待笼来。"爱晚亭古朴典雅，平面呈正方形，边长6.23米，通高12米。内金柱圆木丹漆，外檐柱四根，由整条方形花岗石加工而成。亭顶重檐四披，攒尖宝顶，四翼角边远伸高翘，覆以绿色琉璃筒瓦。在我国亭台建筑中，影响甚大，堪称亭台之中的经典建筑。

滕王阁

滕王阁坐落在江西省南昌市赣江之滨，建于唐高宗永徽四年（653）。在建阁至今的1300多年中屡毁屡建，而每次重修，不但能够再现古阁的风姿，而且规模也是越来越大。1926年，滕王阁毁于北洋军阀邓如琢手中。1983年10月1日，人们正式开始了第29次重修滕王阁的工作，并于1989年落成。新阁共9层，高57.5米，是一座大型的仿宋建筑，也是江南三大名楼中最高的楼阁。在阁的第六层东西两面，各挂着写有"滕王阁"三字的大匾，是宋代大文学家苏轼的字体；阁的三个明层四周，均建有平座栏杆，以供游人远眺；在第五层的屏壁上，还镶嵌着铜制的王勃《滕王阁序》碑；在滕王阁的门柱上，还有毛泽东亲笔书写的《滕王阁序》中的佳句"落霞与孤鹜齐飞，秋水共长天一色"。

南昌滕王阁与湖北黄鹤楼、湖南岳阳楼并称为"江南三大名楼"，初唐才子王勃作《滕王阁序》使其在三楼中最早扬名天下。另有阆中滕王阁、玉台观，清以来合称"滕王阁"。新中国成立后，只剩下部分台基及数间破屋，但颐神、慈氏二洞及摩崖题刻保存完好。洞内有南宋人题记，洞外有明邵元书杜甫滕王亭子诗及杨瞻撰书颐神古洞诗四首。

　　同时，滕王阁也是古代储藏经史典籍的地方，从某种意义上说是古代的图书馆。而封建士大夫们迎送和宴请宾客也多集中于此，贵为天子的明代开国皇帝朱元璋在鄱阳湖之战中大胜陈友谅，曾设宴阁上，命诸大臣、文人赋诗填词，观看灯火。

　　滕王阁高耸于南昌城西、赣江之滨。步入阁中，仿佛置身于一座以滕王阁为主题的艺术殿堂。在第一层正厅有一幅表现王勃创作《滕王阁序》的大型汉白玉浮雕《时来风送滕王阁》，巧妙地将滕王阁的动人传说与史实融为一体。第二层正厅是大型工笔重彩壁画《人杰图》，绘有自秦至明的80位各领风骚的江西历代名人。这与第四层表现江西山川精华的《地灵图》堪称双璧，令人叹

为观止。第五层是凭栏骋目的最佳地点。进入厅堂，迎面是苏东坡手书的千古名篇《滕王阁序》。每一层都有一个主题，也都与滕王阁有关。

滕王阁的主体建筑净高57.5米，建筑面积为13000平方米。其下部为象征古城墙的12米高的台座，分为两级。台座以上的主阁取"明三暗七"格式，即从外面看是三层带回廊建筑，而内部却有七层，就是三个明层，三个暗层，加屋顶中的设备层。新阁的瓦件全部采用宜兴产碧色琉璃瓦，因唐宋多用此色。正脊鸱吻为仿宋特制，高达3.5米。勾头、滴水均采用特制瓦当，勾头为"滕阁秋风"四字，而滴水为"孤鹜"图案。台座之下，有南北相通的两个瓢形人工湖，北湖之上建有九曲风雨桥。楼阁云影，倒映池中，盎然成趣。

沿着南北两道石级登临一级高台。一级高台是钢筋混凝土筑体，踏步为花岗石打凿而成，墙体外贴江西庐山市产金星青石。一级高台的南北两翼，有碧瓦长廊。长廊北端为四角重檐"挹翠亭"，长廊南端为四角重檐"压江亭"。从正面看，南北两亭与主阁组成一个倚天耸立的"山"字；而从飞机上俯瞰，滕王阁则有如一只平展两翅、意欲凌波西飞的巨大鲲鹏。这种绝妙的立面和平面布局，正体现了设计人员的匠心独运。

一级高台朝东的墙面上，镶嵌了五块石碑。正中为长卷式石碑一幅，此碑由八块汉白玉横拼而成，约长10米、高1米，外围以玛瑙红大理石镶边，宛如一幅精工装裱的巨卷。长碑左侧为花岗岩"竣工纪念石"及青石《重建滕王阁纪名》碑，右侧为花岗石"奠基纪念石"及青石《滕王阁创建纪年》碑。

由一级高台拾级而上，即达二级高台（象征城墙的台座）。这两级高台共有89级台阶，而新阁恰于1989年落成开放。二级高台的墙体及地坪，均为江西峡江县所产花岗石。高台的四周，为按宋代式样打凿而成的花岗石栏杆，古朴厚重，与瑰丽的主阁形成鲜明对比。

二级高台与石作须弥座垫托的主阁浑然一体。由高台登阁有三处入口，正东登石级经抱厦入阁，南北两面则由高低廊入阁。正东抱厦前，有青铜铸造的"八怪"宝鼎，鼎座用汉白玉打制，鼎高2.5米左右，下部为三足古鼎，上部是一座攒尖宝顶圆亭式鼎盖。此鼎乃仿北京大钟寺"八怪"鼎而造。设置此鼎，有金石永固的寓意。

主阁的色彩绚烂而华丽。其梁枋彩画采用宋式彩画中的"碾玉装"为主调，辅以"五彩遍装"及"解绿结华装"。室内外斗拱用"解绿结华装"，突出大红基调，拱眼壁也按此色调绘制，底色用奶黄色。室内外所有梁枋各明间用"碾玉装"，各次间用"五彩遍装"，天花板每层图案都不一样，支条为深绿色，大红井口线，十字口栀子花。椽子、望板均为大红色，柱子为油朱红色，门窗为红木家具色。室外平坐栏杆为油古铜色。

唐高宗永徽四年（653），唐太宗李世民的弟弟李元婴任洪州刺史时是所建滕王阁的初期，当时只是将此阁作为达官贵人们上元观灯、春日赏花、夏日纳凉、九重登高、冬日赏雪、阁中品茶、聚餐饮酒、听琴观画的场所。滕王阁建成22年后，即唐上元二年（675），当时著名的青年文学家王勃应洪州都督阎伯屿的邀请，登阁赴宴，并写下了脍炙人口的《秋日登洪州滕王阁饯别序》（即《滕王阁序》），滕王阁从此名扬四海。唐代中丞御史王仲舒再次主持重修滕王阁完工后，还特邀了大文学家韩愈为此阁写下了古今佳作《新修滕王阁记》一文。大诗人白居易的《钟陵饯送》、杜牧的《怀钟陵旧游三首》、朱彝尊的《登滕王阁》等，至今仍为人们所传诵。

小故事

滕王阁的楹联极多，相传为宋代人写的十一字对联集王勃序与诗中之对句警语，甚为高远自然："南浦云开，秋水共长天一色；西山雨霁，落霞与孤鹜齐飞。"据传，明初江西吉水才子解缙（人称"解状元"）曾与人在滕王阁比试对联。他见阁中飞鸽而出上联"滕王阁，阁藏鸽，鸽飞阁不飞。"对方对不出。他手指赣江景色说："仔细瞧瞧槛外风景，下联便有了。"果然对方很快便对出了下联："扬子洲，洲停舟，舟行洲不行。"清初宋荦作为江西巡抚主持修竣滕王阁，题联说："依然极浦遥山，想见阁中帝子；字得长风巨浪，送来江上才人。"乾隆年间南昌太守李春园曾题"仙人旧馆"匾额，后又写一对联："我辈复登临，目极湖山千里而外；奇文共欣赏，人在天水一色之中。"集孟浩然、陶渊明诗句与韩愈、王勃记序中的名句为一体，甚为自然。

江西九江琵琶亭

　　琵琶亭，位于江西省九江市长江大桥东侧，面临长江，背倚琵琶湖。唐代元和十年（815），诗人白居易由长安贬任江州（今九江市）司马。第二年秋天，送客于浔阳江头，有舟中夜弹琵琶者，听其诉说身世，触景生情而作《琵琶行》赠之，亭名由此而来。亭高20米，双层重檐。亭院正中有白居易的汉白玉雕像，风度翩翩。围绕此亭建造的仿唐园林，占地3300平方米，为九江市的重要旅游景点。

　　琵琶亭始建于唐代，原在九江城西长江之滨，即白居易送客之处。但历代屡经兴废，多次移址。清乾隆年间（1736～1795）重建，至咸丰年间

（1851～1861）又遭兵毁。1988年3月，新琵琶亭落成于今址。琵琶亭坐北朝南，采取中轴线对称布局，分主亭、左碑廊、右碑廊三部分，主建筑琵琶亭坐落在临江7米高的花岗岩石基上，亭高20米，双层重

檐，悬挂着刘海粟大师题写的"琵琶亭"金字大匾额，亭台气势磅礴，熠熠生辉。亭前大门照壁上有毛泽东墨迹《琵琶行》巨幅贴金大理石碑刻，上刻《琵琶行》长诗，全文共616字。亭院正中，矗立着汉白玉白居易塑像。亭院两旁建有碑廊，镶嵌着历代诗人题咏琵琶亭的诗赋共56块碑刻。白居易的《琵琶行》和《长恨歌》是具有独创性的名作，为千古绝唱。有道是"童子解吟长恨曲，胡儿能唱《琵琶》篇"。这两首诗此后一直传诵于国内外，显示了强大的艺术生命力。

九江浔阳楼

浔阳楼位于江西省九江市九华门外的长江之滨。浔阳楼之名最早见于唐代江州刺史韦应物的诗中。随后，白居易在《题浔阳楼》一诗中又描写了它周围的景色，而真正使浔阳楼出名的是古典名著《水浒传》。小说中的"宋江题反诗""李逵劫法场"等故事使浔阳楼名震天下。

1989年春，九江市政府在浔阳江畔重建了浔阳楼。重建后的浔阳楼占地1600平方米，楼高31米，外三层、内四层、青甍黛瓦，飞檐翘角，四面回廊，古朴庄重，具有明显的仿宋风格。一楼大厅有两幅宽4.5米、高3.2米、用600块彩绘瓷砖拼成的"宋江题反诗"和"李逵劫法场"大型壁画。二楼展厅陈列"水泊梁山108名好汉"瓷雕彩绘像，是精美的景德镇瓷雕艺术的展现。

浔阳楼，因九江古称"浔阳"而得名。楼的始建年代虽不可考，但据唐代诗人、德宗贞元年间江州刺

史韦应物的《登郡寄京师诸季淮南子弟》一诗中说的"始罢永阳守，复卧浔阳楼"；唐代诗人、宪宗元和年间江州司马白居易，清代诗人、康熙年间兵部侍郎佟法海等所咏的浔阳楼诗，可以看出，浔阳楼从唐代至清代一直都存在，并且颇具规模。

甘肃张掖镇远楼

镇远楼，俗称鼓楼，又名靖远楼，位于甘肃省张掖市中心，东西南北四条大街交会于此，是河西走廊现存最大的鼓楼。楼于明正德二年（1507）建在一座砖包的高台上，台基宽32米，高9米，基座至楼顶高30多米。楼为三层木结构塔形，飞檐翘角，雕梁画栋，结构精巧，造型雄伟壮观。楼下有十字洞通向东西南北与四条大街衔接。楼上四面悬有匾额：东为"金城春雨"，西为"玉关晓月"，南为"祁连晴雪"，北为"居延古牧"。

鼓楼东南角现悬唐钟一口，由以铜为主的合金铸成，工艺精湛，浑厚雄伟。钟高1.3米，口径为1.15米，重600千克。钟身饰有飞天及朱雀、玄武、白虎、青龙图案。此钟古代多用来报时或火灾报警。

镇远楼仿西安钟楼建造，平面呈方形，建在一座砖砌的坛上。镇远楼于明正德二年（1523）由都御史才宽负责兴建，清康熙、乾隆、光绪年间曾数次维修。楼东南角悬有唐代铜钟一口，铸造工艺精湛，形体浑厚雄伟，钟的外壁略呈黄色，又带铁青色。钟高1.3米，直径为1.1米，上细下粗，略呈喇叭口形，下口六耳。钟身有三层图案，每层六格。上层其中三格为飞天。飞天头戴花冠、祖上身、下着裙、赤脚、手捧花束，形象优美，颇似敦煌莫高窟壁画中飞天的风格。中层也是六格，其中三格是朱雀、玄武。朱雀是长颈、长腿、长尾、展翅；玄武是长嘴、长尾、展翅，作奔走状，下层为六格，其中三格为青龙白虎。这口大钟用合金铸造，六分其金，而锡居一，它既能承受重击，又能产生洪亮的声音，钟声可传至金城的各个角落。楼上北侧树立着重修甘州吊桥及镇远楼碑一块，至今保存完整。

甘肃永昌钟鼓楼

　　永昌钟鼓楼，又名声教楼，位于甘肃省金昌市永昌县城中四街交会之处。建于明神宗万历十五年（1587），距今400余年。东西宽22米，南北长23米。分楼阁和楼台两部分。台基边宽22米，高7.2米，通高24.5米；楼阁重檐庑殿顶共二层三檐，下层面宽三间，进深三间，四面置格扇门，门左右置槛窗，斗拱为双翘无昂，共五踩，卷刹弧线。上层屋檐及檐柱向内紧收，面阔仍同下层。最上层为屋顶，上置宝顶。楼台以夯土板筑，四周包砖，两道拱门纵横其中，通达四街。楼体四面各悬三块巨匾，匾文为"丽日摩云""民淳俗美""金阙迎恩"、（东上、中、下）；"文运天开""魁壁联辉""云锦天香"（南上、中、下）；"中天一柱""怀柔西域""玉关通道"（西上、中、下）；"声闻四达""保障金川""威宣沙漠"、（北上、中、下）。台基拱门上镌有：东"大观"，南"迎熏"，西"宁远"，北"镇朔"。一层楼台上置大铁钟一口，内置大鼓一面。整个建筑结构谨严，造艺精湛，高耸挺拔，雄伟壮观。2006年被国务院公布为第六批国家重点文物保护单位。

　　钟鼓楼曾多次维修。清顺治时参将郑续善修补。乾隆三十二年（1767），知县白钟麟动员乡里大事修缮。民国十六年（1927）大地震后，楼体倾斜下陷，部分构件断裂脱卯，楼顶层层渗漏，有倒塌的危险。中华人民共和国成立后，曾经几次维修，1981年，甘肃省人民政府公布其为省级文物保护单位。1984年，中共永昌县委、县

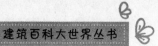

人民政府报经省、市人民政府批准，对钟鼓楼进行了落架重修，1984年6月24日动工，1986年6月底竣工。维修坚持修旧如旧，保持原样。1994年，县政府拨款5万元，对永昌钟鼓楼一层木件重新油漆彩绘。2000年，县政府拨款对钟鼓楼一楼地面进行了防渗水技术处理。2002年，县政府拨款对钟鼓楼四面门洞加固了不锈钢金属围栏，有效地保护了钟鼓楼的外围安全。

永昌钟鼓楼内置钟鼓，晨钟暮鼓，声闻四达，借以振兴文教，教化民众，是永昌历史文化的象征。整个建筑结构严谨，雄伟壮观，是河西走廊重要的古建筑之一，是研究明清以来古代建筑艺术的重要实物资料。

甘肃嘉峪关城楼

　　甘肃嘉峪关城楼位于河西走廊中部。汉代修建的万里长城从这里经过。闻名世界的中国古代东西交通干道"丝绸之路"也从这里经过。自古以来，这里就是兵家必争的交通和军事要地。

　　关城始建于明洪武五年（1372），从初建到筑成一座完整的关隘，经历了168年（1372～1539）的时间，是明代长城沿线九镇所辖千余个关隘中最雄险的一座，至今保存完好。1961年3月被国务院列为全国第一批重点文物保护单位。因地势险要，建筑雄伟而有"天下雄关""连陲锁阴"之称。嘉峪关由内城、外城、城壕三道防线形成重叠并守之势，壁垒森严，与长城连为一体，形成五里一燧，十里一墩，三十里一堡，一百里一城的军事防御体系。现在关城以内城为主，周长640米，面积为2.5万平方米，城高10.7米，以黄土夯筑而成，西侧以砖包墙，雄伟坚固。内城开东、西两门，东为"光化门"，意为紫气东升，光华普照；西为"柔远门"，意为以怀柔而致远，安定西陲。门台上建有三层歇山顶式建筑。东西门各有一瓮城围护，西门外有一罗城，与外城南北墙相连，有"嘉峪关"门通往关外，上建嘉峪关楼。嘉峪关内城墙上还建有箭楼、敌楼、角楼、阁楼、闸门楼共十四座，关城内建有游击将军府、井亭、

文昌阁，东门外建有关帝庙、牌楼、戏楼等。整个建筑布局精巧，气势雄浑，与远隔万里的"天下第一关"山海关遥相呼应。

嘉峪关城楼在嘉峪关市区西南6千米处，位于嘉峪关最狭窄的山谷中部，地势最高的嘉峪山上，城关两翼的城墙横穿沙漠戈壁，向北8千米连黑山悬壁长城，向南7千米，接天下第一墩，是明代万里长城西端的主宰，自古为河西第一隘口。

小故事

在嘉峪关流传着一个歌颂古代工匠的传说。相传明朝修嘉峪关时，主管官员给工程负责人出难题，要求他预算用材必须准确无误。在工匠们的帮助下，工程负责人进行了精确的计算。结果工程竣工时，所备的砖瓦木石恰好用完，只剩下一块城砖，称为"最后一砖"。现在这块砖仍放在会极门（西瓮城门）门楼檐台上，旅游者都要慕名来看一看这"最后一砖"，以表达对古代工匠的聪明才智的敬佩之情。

越王楼

　　越王楼位于四川省绵阳市。始建于唐高宗显庆年间的古越王楼，因时任绵州刺史的唐太宗第八子越王李贞而闻名于世，与黄鹤楼、岳阳楼、滕王阁并称为"唐代四大名楼"。作为中国文化名楼之一的越王楼，规模宏大、富丽堂皇。重建后的越王楼，气势与当年相比毫不逊色。99米的高度目前仍为全国仿古建筑之最。与越王楼有关的天下诗文最丰富，包括李白、杜甫、王勃、陆游等历代大诗人题咏越王楼的诗篇多达154篇，可谓"一座越王楼，半部中国文学史"，诗文作者档次最高，除诗仙李白、诗圣杜甫外，还几乎涵盖唐代以后的

许多著名诗坛泰斗，算得上"天下诗文第一楼"。

　　越王李贞为唐太宗李世民的第八子，虽不是皇后所生的嫡子，但才华出众，先后被封为汉王、越王。越王楼在李贞任绵州刺史时（656～661）由其亲自督建，参考了长安、洛阳诸多王府的营造规划，再根据龟山的地形地貌，依山取势，因势建楼。越王楼的修建先后历时3年，耗银50万两，楼高33.3米。

　　越王楼于明万历年间重修，后毁于清乾隆初年。其遗址越王台保留至今，已有200余年的历史。

　　重建后的越王楼除了集中展示绵阳厚重的历史文化外，还集观光、旅游、商业文化为一体，是一处综合性的商业旅游中心，对发展绵阳文化、振兴旅游产业具有重要意义。

重庆忠州石宝寨层楼

石宝寨层楼是一处巍峨壮观、绚丽灿烂的古代楼阁建筑物。这座楼阁依山而建，把自然山石与古代建筑巧妙地结合在一起，使自然美景和人造景观浑然一体，结构十分巧妙，自古受人称赞，被誉为"川东胜景"。

石宝寨层楼位于重庆市忠州和万州之间的长江北岸，西距忠州城45千米，东距万州城50千米，水路交通十分方便。

石宝寨层楼所在的小山，状若方斗，四面如壁，人称"玉印山"。据说，玉印山是远古时期女娲补天后遗留下来的一块五彩石，所以人们把它称为"宝石"。明朝末年，农民起义军领袖谭宏曾在这里据山为寨，从此这里便被称为"石宝寨"，直到今天。

石宝寨层楼大体上可以分为3个部分：寨门、寨身塔楼和山顶古刹。

寨门是一座砖石结构的牌楼式建筑物，高8米。寨门中间高，两边低。寨门上面竖写着三个大字："小蓬莱"。"小蓬莱"三字之下横写着四个大字："梯云直上"。寨门两侧的墙壁上，浮雕图案内容丰富，有《双狮戏球》《五龙捧圣》等，形态生动。寨门前有石台阶直通长江边。

寨身塔楼是石宝寨层楼建筑的主体。寨身塔楼高56米，为全木结构。

塔楼大体上可分为上下两个部分。上部三层，修建在玉印山山顶的石台上面。这是人们登高望远、观景赏景的最好场所。下部九层，紧贴山壁而建。由下到上，逐层收缩，状如宝塔。每层均为四角三面，背靠岩石，翘角凌空，流光溢彩。各层的立柱与岩石衔接，并有楼梯盘旋而上。在各层塔楼的石壁上，广泛分布着塑像、画像、碑刻、题记等，内容不同，各具特色。

山顶古刹位于石宝寨层楼顶部的对面，修建在玉印山顶面积约1200平方米的平台之中。这就是明代古刹天子殿。清乾隆时起，这里也被称为"兰若殿"。天子殿是一处砖石结构的三进四合院建筑群，有大门、前殿、正殿、后殿等建筑。大门为牌楼式建筑，上书"绀宇凌霄"四个大字。后殿有一块巨石，人称"米石"。石上有一个杯口大的小孔，人称"流米洞"。

在天子殿之前还有一个石洞，深不见底，人称"鸭子洞"。夏天，鸭子洞口不时冒出冷气，沁人心脾。据说，有人从洞口放进一只鸭子，过一段时间，鸭子便从长江的江心浮出。由此可见，此洞与长江相通。

成都崇丽阁

　　崇丽阁，又名望江楼，坐落在四川省成都市东南隅的望江楼公园内，耸立在风景秀丽的锦江岸边。崇丽阁和它旁边的吟诗楼、濯锦楼一起，组成了望江楼公园内的一组著名的古代建筑群。而崇丽阁就是这组古建筑群中的主体建筑，同时也是成都市的一座标志性建筑。

　　崇丽阁建于清代光绪十五年（1889），是为纪念唐代著名女诗人薛涛而修建的。薛涛字洪度，原籍长安，后随她的父亲入住成都。薛涛自幼聪明，酷爱诗画，勤奋好学。据说，她八岁的时候就能作诗，之后又创作了不少诗歌，并与唐代大诗人元稹、白居易、刘禹锡等都有唱和之作。

崇丽阁是成都市一处著名的古代建筑。全阁共分四层，高30余米。令人称奇的是，崇丽阁的造型非常特殊：下面两层为四方形，上面两层为八角形。整座楼阁的造型既稳重雄壮，又华丽灵巧，将我国古代北方建筑和江南建筑的特点巧妙地融合在一起，非常难得。阁的下部有基石、台阶。红柱、绿瓦、黄脊、鎏金宝顶，使崇丽阁的色彩更加绚丽灿烂。

小故事

相传崇丽阁为"薛涛井故处也"。这里是明代蜀藩制笺的所在，原唐代女诗人薛涛善制"深红色小彩笺"，成为当时造纸手工业上一项新颖的发明。她的诗笺随着她的诗句而流传千古，后人就以这口古井来纪念她。甚至以神话的方式相传薛涛井每年三月三井水浮溢，纸在水中浸过则变成鲜灼可爱的娇红色薛涛笺，但只能得十二或十三张，再多就没有颜色了。

崇丽阁还有一则奇联："望江楼，望江流，望江楼上望江流，江楼千古，江流千古"。据说，一位江南名士乘兴吟出此上联后，终未得出下联，于是书上联于望江楼，抱憾而去。百余年来，常有游人才子试图应对，但都未对出佳作，其中"印中井，印中影，印月井里印月影，月井万年，月影万年"比较而言，还算不错。

甲秀楼

　　甲秀楼坐落在贵州省贵阳市城南的南明河上，是以河中一块巨石为基础而建成的。始建于明代，后楼毁重建，改名"来凤阁"。清代甲秀楼多次重修，并恢复原名。现存建筑是宣统元年（1909）重建的。楼上下三层，白石为栏，层层收进，桥面至楼顶高约20米。南明河从楼前流过，汇入涵碧潭。楼侧由石拱"浮玉桥"连接两岸，桥上原有一座小亭，名"涵碧亭"，现已拆除。甲秀楼朱梁碧瓦，四周山光水色，名副其实，堪称甲秀。

　　2006年5月25日，甲秀楼作为明代古建筑，被国务院批准列入第六批全国重点文物保护单位名单。明万历年间（1573～1620）巡抚江东之于此筑堤联结南岸，并建一楼以培风水，名曰"甲秀"，取"科甲挺秀"之意。天启元年（1621）被焚毁，总督朱燮元重建，更名"来凤阁"。复毁。清康熙二十八年（1689），巡抚田雯重建，仍用旧名。有浮玉桥衔接两岸。从古到今该楼经历了六次大规模的修葺。历经400年的风吹雨打仍旧矗立不倒，是贵阳历史的见证，是贵阳文化发展的标志。

　　甲秀楼分为三大部分：第一部分为浮玉桥；第二部分为甲秀楼的主体建筑；第三部分为翠微园。浮玉桥头立有"城南遗迹"

石木牌坊，牌坊中央设有
"城南遗迹"四个大字，
桥上建有"涵碧亭"。主
体建筑甲秀楼飞甍翘角、
石柱托檐、雕栏环护。翠
微园是一组由拱南阁、翠
微阁、龙门书院组成的明
清古代建筑群。同时新建
的贵州少数民族传统服饰
陈列院收集了贵州省苗
族、侗族、彝族、水族、
土家族、布依族等民族的
传统服饰、手工刺绣品、
民间蜡染数百余件，令人
叹为观止。该馆所陈列展
示的民族传统服饰和民族
工艺品，是贵州少数民族
文化艺术的体现，也是贵
州各少数民族的骄傲。

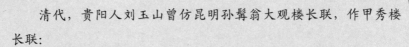

小故事

清代，贵阳人刘玉山曾仿昆明孙髯翁大观楼长联，作甲秀楼长联：

五百年稳战友鳌矶，独撑天宇，让我一层更大，眼界开拓。看东枕衡湘，西襟滇诏，南屏粤峤，北带巴夔，迢递关河。喜雄跨两游，支持岩疆半壁。应识马乃碉隳，乌蒙菁扫，艰难缔造，装点成锦绣湖山。漫云筑国偏荒，莫与神州争胜概；

数千仞高踞牛渚，永镇边隅，问谁双柱重镌，颓波挽住。忆秦通僰道，汉置牂牁，唐定矩州，宋封罗甸，凄迷风雨。叹名流几辈，留得旧迹多端。对此象岭霞生，螺峰云涌，缓步登临，贪图些画阁烟景。恍觉蓬莱咫尺，拟邀仙侣话行踪。

上联主要写四方景物，下联追叙贵州历史，寄兴寓情，多有歌颂之辞。

甲秀楼华丽宏伟，独具特色，可以说是贵阳市的标志性建筑。楼下浮玉桥飞架南北两岸，清流回环，形成涵碧潭。入夜，华灯齐明，楼桥亭台映现其中，恍若仙境。甲秀楼内，古代真迹石刻、古代木器、名家书画作品收藏甚多，可供游人观赏。

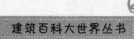

贵州贵阳文昌阁

  文昌阁坐落在贵阳市东门城垣上，始建于明万历三十七年（1609），清康熙八年（1669）重修，雍正、乾隆、嘉庆、道光时均有维修和扩建。阁高三层，呈九角形，底层平面呈方形，总高为20米，两边设配殿，前有斋房与配殿相连。在建筑上，顶层金柱用楼过梁承托，檐柱下穿二层，作二层金柱；二层檐柱穿至底层，又作底层金柱，如此逐层下放，构成上小下大的稳定结构，各层均有较大空间。此种结构在国内很少见。其外观壮丽，气势雄伟。

  文昌阁是一座九角三层宝塔形建筑，平面布局呈四合院形。面阔11.47

米，进深11.58米，为三层三檐、不等边九角攒尖顶，各层插拱较多，斗呈曲线、翘角不高，窗花和枋板施有彩绘，其建筑风格颇具地方特色。原为供奉文昌帝君之所，现为贵阳市文物保护单位。

2006年5月25日，文昌阁作为明代古建筑，被国务院批准列为第六批全国重点文物保护单位。

贵州侗寨鼓楼

　　贵州贵阳侗寨鼓楼雄伟壮观，结构严谨，工艺精湛，是侗族建筑技艺的集中体现。其外形像一座多面体的宝塔。一般高20多米，从一层至顶层，全靠16根杉木柱支撑。楼心宽阔平整，约为10平方米，中间用石条砌有大火塘，四周有木栏杆，设有长条木凳，供歇息使用。楼的尖顶处，筑有宝葫芦或千年鹤，象征寨子吉祥平安。楼檐角突出翘起，给人以玲珑雅致、如飞似跃之感。

　　鼓楼有厅堂式、干栏式、密檐式等多种。无论何种鼓楼，一般都分上、中、下三个部分。上部为顶尖部，用一根长约3米的木柱或铁柱立于顶盖中央，并套上由大到小的5～7颗陶瓷宝珠，使顶尖部呈葫芦形，犹如塔尖，凌空而立。顶盖是绚丽多彩的楼顶，多为伞形。顶盖形状有四角、六角或八角。顶盖下斜面的人字格斗拱，像蜂窝百孔窗，其周围木雕像燕窝垒泥点，工艺精巧，造型别致。中部是层层叠楼，形似宝塔楼身。楼檐一般都是六角，也有简便的四角或复杂的八角。

每方檐角均为翘角，层层叠叠，重檐而上。从上而下，一层比一层大。楼身以四根粗大、笔直的长杉木为主柱，从地面直通楼顶，极为壮观。楼内或雕塑，或绘画，鱼虫鸟兽，栩栩如生。

鼓楼由各村寨群众投工献料，集资筹建，由侗族的能工巧匠自行设计，自行建造。整个建筑没有图纸，数百上千根梁、枋、柱的尺寸全靠在心中计算。这种能工巧匠遍布侗乡，尤以贵州黎平、从江等地为最多。

鼓楼是侗族人民的标志，也是侗族人民团结的象征。每个侗寨至少有一座鼓楼，最多可达四五座。过去，鼓楼都悬挂牛皮长鼓一面，平时村寨里如有重大事情发生需要通报，即登楼击鼓，召众商议。有的地方发生火灾、匪盗，也击鼓呼救。这样，一寨传一寨，信息很快就能传到深山远寨，鼓声所及，人们闻声而来。所以，侗族人对鼓楼、长鼓特别喜爱。

望湖楼

望湖楼，又名看经楼、先得楼，位于浙江省杭州市断桥东少年宫广场西侧，傍湖而建。苏东坡曾作脍炙人口的诗篇《望湖楼醉书》，望湖楼因而名闻天下。登临远眺，一湖胜景皆在眼底。宋代王安石、苏轼等人，都曾有诗咏望湖楼，或咏楼上观景的感受。其中以苏轼的《望湖楼醉书》最为有名：“黑云翻墨未遮山，白雨跳珠乱入船。卷地风来忽吹散，望湖楼下水如天。”

近年重建的望湖楼总面积为360多平方米，主楼阁望湖楼以曲廊和辅楼餐秀阁相衔接。望湖楼青瓦屋面，朱色单檐双层歇山顶，整个建筑宏丽古雅。地势较低处植草坪、棕榈、冬青，点缀峰石；地势较高处叠石筑山，使之峰石嵯峨，回栏环绕。登楼凭栏，取山形，临碧波，借摩崖，“天容水色绿净，楼阁镜中悬”，确为一处西湖名楼。

楼外楼

楼外楼位于浙江省杭州市秀丽的西子湖畔，孤山脚下。创建于清道光二十八年（1848），至今已有160多年的历史。清朝末年，由落第文人洪瑞堂在西泠桥附近创办，当时只是一家不起眼的小菜馆。著名学者俞曲园先生根据菜馆独特的地理位置和南宋林升的诗句，给菜馆取名为"楼外楼"，楼外楼因此而得名。"以菜名楼，以文兴楼"的楼外楼，先后迎来了不少的历史名人，如孙中山、鲁迅、竺可桢等，更有周恩来总理九上楼外楼，清风廉洁，被传为佳话。

楼外楼店内装饰典雅，环境优美。众多名厨为四方游客烹制可口的特色佳肴，其中最出色的是西湖醋鱼、叫花童鸡、宋嫂鱼羹等名菜，因为每一道名菜后面，都蕴含着一个动人的故事。

楼外楼坐落在美丽西湖的孤山脚下，与西湖风景中一些很有名的自然和人文景点如平湖秋月、放鹤亭、玛瑙坡、西泠桥、苏小小墓、六一泉、四照阁、西泠印社、俞楼、秋瑾墓、中山公园、文澜阁、浙江博物馆等为邻。

烟雨楼

　　烟雨楼，初位于浙江省嘉兴市南湖之滨，因唐朝诗人杜牧"南朝四百八十寺，多少楼台烟雨中"的诗意而得名。始建于五代后晋年间（936～947），明嘉靖二十六年（1547）疏浚市河，填成湖心岛，移楼于岛上，从此这里被称为"小瀛洲"。现楼为1918年重建，楼的四周由短墙曲栏围绕，四面长堤回环，入口处为清晖堂，门外北侧墙上嵌有"烟雨楼"石碑。堂后和烟雨楼正楼东南侧各有一座乾隆帝题写的"御碑亭"。清晖堂两侧左为"菱香水榭"，右为"菰云簃"。走廊右有宝梅亭，内有清代名将彭玉麟画的梅花碑两块。烟雨楼正楼高约20米，面积为640平方米，重檐画栋，朱柱明窗，气势非凡。楼前檐悬董必武所书的"烟雨楼"匾额，楼中还有许多石刻，其中以宋代苏轼、黄

庭坚、米芾的题刻，元代吴镇竹画刻石和近代吴昌硕所书的墓志铭碑刻等较为著名。

烟雨楼是嘉兴南湖湖心岛上的主要建筑，现已成为岛上整个园林的泛称。此楼自南而北，前为门殿三间，后有楼两层，面阔五间，进深两间，回廊环抱。二层中间悬乾隆御书"烟雨楼"匾额。楼东为青杨书屋，西为对山斋，均为三间。东北为八角轩一座，东南为四角方亭一座。西南垒石为山，山下洞穴迂回，可沿石磴盘旋而上，山顶有六角敞亭，名"翼亭"。此楼是澄湖视高点，凭栏远望，万树园、热河泉、永佑寺诸处历历在目。每到夏秋时节，烟雨弥漫，不啻为一幅山水画卷。

乾隆六下江南，八次登烟雨楼，先后赋诗二十余首，盛赞烟雨楼。烟雨楼位于湖心的小岛上。建成后，几经兴废，直到民国七年（1918）嘉兴知事张昌庆会绅募捐款重建烟雨楼。新中国成立后，党和人民政府进行过多次大力修葺，古老园林焕然一

新，并逐渐形成现在的格局。烟雨楼"台筑鸳湖之畔，以馆宾客"，是游客登临眺望之所。登烟雨楼望南湖景色，别有一番情趣。夏日倚栏远眺，湖中接天莲叶无穷碧；春天细雨霏霏，湖面上下烟雨朦胧，景色全在烟雾之中。

烟雨楼是嘉兴的名胜。烟雨楼有名，跟明末张岱的一篇文章是分不开的。昆明大观楼、武汉黄鹤楼、岳阳岳阳楼，雄峻高大，都可以用"耸峙"来形容；而烟雨楼是"坐"的，"坐"在垣墙之内、平台之上。烟雨楼是南湖湖心岛上的主要建筑，现已成为岛上整个园林的泛称。

烟雨楼重檐飞翼，典雅古朴。楼周围的亭阁、长廊、假山、花台，疏密相间，错落有致。湖中有池，岛中有堤，体现了中国造园的艺术风格。

烟雨楼素以"微雨欲来，轻烟满湖，登楼远眺，苍茫迷蒙"的景色著称于世。烟雨楼后，假山巧峙，花木扶疏。假山西北，亭阁错落排列，回廊曲径相连，玲珑精致，各具情趣。

城隍阁

城隍阁位于浙江省杭州市吴山风景区，吴山是七宝山、紫阳山、云居山等几个小山的总称。城隍阁是连地下共七层的仿古楼阁式建筑，高41.6米，总面积约1000亩。城隍阁富丽堂皇，融合了元明殿宇的建筑风格，大处着眼，细处勾勒，兼揽杭州江、山、湖、城之胜。

凤凰山向东北蜿蜒，山体介入杭州市区东南，形成西湖群山东侧尾部的吴山景区。吴山古时名"胥山"，亦称"伍山"，因伍子胥而得名。至于吴山一名，有人解释说，因这里春秋时是吴国的南方边界，山名由此而来。吴山景区的主体建筑城隍阁位于吴山之巅，其恢宏的气势可与黄鹤楼、岳阳楼、滕王阁相媲美，堪称江南四大名楼，是游人登高览胜的必到之处。

城隍阁入口处有一幅大型花岗岩浮雕《吴山风情图》，整幅作品长27米、高6米，它以南宋时期为时代背景，再现了当时以城隍庙为中心，人们逢年过节举行吴山庙会的繁华景象及盛况。而屹立在浮雕前的四根擎天柱是广场的装饰物，从古代建筑中立柱与斗拱相结合的形态中提炼出来的艺术造型，展现了中国古代建筑中力与美的寓意，渲染强化了城隍阁景区的民族风格和历史氛围。

吴山，杭州人俗称"城隍山"。它位于钱塘江北岸，西湖东南面，是西湖群山延伸进入市区的成片山岭。天目山余脉的尾端，结止于杭州，在西湖北岸形成葛岭、宝石山，

在西湖南岸的就形成了吴山。远古时候，吴山和宝石山是史前海湾的两个岬角，南北对峙，随波浮沉。后来，陆地抬升，人民陆续迁居，来到这一带生息繁衍，逐渐发展、形成了现在

的杭州城。早在北宋，大诗人苏东坡任杭州太守时就曾说过："天目山千里蜿蜒而东，龙飞凤舞，萃于临安。"吴山好像是一只梭镖，楔入杭州城内，东、南、北三面俯临街市，西面与万松岭相接，环境风貌在西湖群山中别具一格。

　　吴山林木葱郁，怪石嶙峋，泉洞遍布，地形地貌曲折起伏，自然景观丰富多彩。千百年来，伴随着杭州城市的兴衰和演变，吴山积淀了不同时期大量的历史文化，山上山下不但风景优美，而且名胜古迹众多，历史上尤以佛教、道教和民间偶像祭拜的庙宇集中而著称，如城隍庙、药王庙、东岳庙、宝成寺等。特别是宝成寺内的元代石刻喇嘛造像被国务院确定为"全国重点文物保护单位"，再加上邻近市区交通便捷，人气旺盛，吴山历来就是西湖风景名胜区的重要组成部分，也是展示杭州灿烂历史文化和民俗风情的一个窗口。

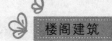

宁波鼓楼

鼓楼是浙江省宁波市唯一仅存的古城楼遗址，也是国家重点保护的文物古建筑之一。游人登楼，便可一览宁波古城全貌。

"谯楼鼓角晓连营"是元代诗人陈孚的诗句，体现了鼓楼在我国历史上的特殊地位。古时鼓楼设有报时的刻漏和更鼓，日常击鼓报时，战时侦察瞭望，还肩负有保城池、抵外侵的使命。

宁波鼓楼始建于唐长庆元年（821），至今已有1100多年的历史。它是宁波历史上正式置州治、立城市的标志。当年明州刺史韩察将州治从小溪镇迁到宁波"三江口"，以现在的中山广场到鼓楼这一带为中心，建起官置，又立木栅为城，后来又以大城砖石筑成城墙，历史上叫"子城"。子城的南城门就是现在的鼓楼。

清代，鼓楼又经数次修建。现存楼阁建筑为清咸丰五年（1855）由巡道段光清所督建。民国二十四年（1935），经当地人士提议，在鼓楼三层楼木结构建筑中间，建造了水泥钢骨正方形瞭望台及警钟台，并置标准钟一座，四面如一，既能报时，又能报火警。到20世纪80年代末，

鼓楼因年久失修，已成危楼。1989年4月，宁波市拨资约35万元，对鼓楼进行了落架大修，至次年6月完工。大修后的鼓楼面貌焕然一新。整座城楼占地700多平方米，总高约28米，共分七层，城高8米多，门道深16米，门宽6米，为石

砌拱形门，其东北依城墙设有踏道，可拾级登上城楼，楼为五开间，三层木结构檐歇山顶，气势雄伟。城楼两旁还新建了一些附属建筑物，可谓交相辉映。原来城楼上的一些历代匾额及碑记也予以修复完工。鼓楼内部则新设立了"宁波城市发展史"陈列馆，主要在"城"字上做文章。鼓楼本身就是宁波古城历史变迁的见证与缩影，而该陈列馆也向游人全面介绍了宁波城市的形成、变迁和发展的过程。大修后的鼓楼还成为宁波市文化活动的中心地区之一，经常举办各种书画、摄影、文物精品展览与交流等活动。据记载，该区域自唐长庆元年（821）明州刺史韩察筑子城以来，便成为历代的政治中心，即衙署所在地。

如今，鼓楼及附近的公园路一带已成为宁波文化活动的主要集散地，整个地区的建筑充分体现出宁波江南水乡的特色。两旁是仿宁波传统建筑风格的商店，小青瓦双坡屋面，风火马头墙，还有各种精细的外墙木装饰，既具有宁波传统商业街的风貌，又具有强烈的历史文化质感。现修复了浙江督学行署、在东西两端入口处的两座古石牌坊、城墙遗址以及记录了子城历史变迁的石碑等。新修建的两组石牌坊是明清两代举人光宗耀祖的标志，代表着文化气息和历史内涵。鼓楼步行街熔文化、商贸于一炉，集购物、休闲于一体，已经成为宁波市内的游乐胜地之一。

浙江湖州藏书楼

　　藏书楼是中国古代供藏书和阅览图书用的建筑。中国最早的藏书建筑见于宫廷，如汉朝的天禄阁、石渠阁。宋朝以后，随着造纸术的普及及印本书的推广，民间也建造了藏书楼。

　　藏书楼的主人刘承干是小莲庄主人刘镛的孙子，于1920～1924年建造的嘉业藏书楼，因清帝溥仪所赠"钦若嘉业"九龙金匾而得名。位于浙江省湖州市南浔镇。辛亥革命后，刘承干乘大批古籍流散之机，大量购书，历时20年，费银30万两，得书60万卷，在藏书楼全盛时期的1925～1932年间，藏有宋元刊本155种，地方志书1000余种，及不少明刊本、明抄本，大都是清人文集和各种史集。

　　藏书楼不仅以收藏古籍闻名，而且以雕版印书蜚声国内。刻印书中有不少是清政府所列的禁书，刊刻甚为精美。1933年以后，刘氏家道中落，大量古籍"自我得之，自我失之"，直至1951年浙江省图书馆接管时，藏书只有11万册左右，宋元刊本荡然无存，明刊本只剩下几种，藏书残缺严重。1949年解放军解放江南时，周总理指示陈毅派部队保护藏书楼。1951年11月，刘承干将书楼及庭园全部捐献给浙江省图书馆。

天一阁

天一阁位于浙江省宁波市区，是中国现存最早的私家藏书楼，也是亚洲现存最古老的图书馆和世界最早的三大家族图书馆之一。在这座藏书楼中，不但收藏了大量珍贵的古代图书资料，而且楼的布局对以后藏书楼的兴建也产生过很大的影响。天一阁占地面积为2.6万平方米，建于明朝中期，由当时退隐的兵部右侍郎范钦主持建造。

天一阁坐落在浙江省宁波市月湖之西的天一街，是我国现存最古老的私人藏书楼，也是世界上现存历史最悠久的私人藏书楼之一。始建于明嘉靖四十年（1561），建成于明嘉靖四十五年（1566），原为明兵部右侍郎范钦的藏书处。1982年3月被国务院公布为全国重点文物保护单位，2003年被评为国家4A级旅游景点，2007年又被公布为全国重点古籍保护单位。

天一阁是一个以藏书文化为核心，集藏书的研究、保护、管理、陈列、社会教育、旅游观光于一体的专题性博物馆。现藏古籍达30余万卷，其中，珍稀善本8万余卷，除此以外，还收藏了大量的字画、碑帖以及精美的地方工艺品。设有《天一阁发展史陈列》《中国地方志珍藏馆》《中国现存藏书楼陈列》《明清法帖陈列》等陈列厅，书画馆常年开展各种临时展览和文化交流活动。

天一阁分藏书文化区、园林休闲区、陈列展览区。以宝书楼为中心的藏书文化区有东明草堂、范氏故居、尊经阁、明州碑林、千晋斋和新建藏书库。以东园为中心的园林休闲区有明池、假山、长廊、碑林、百鹅亭、凝晖堂等景点。以近代民居建筑秦氏支祠为中心的陈列展览区，包括芙蓉洲、闻氏宗祠和新建的书画馆。书画馆在秦祠西侧，粉墙黛瓦、黑柱褐梁，有宅六栋，即"云在楼、博雅堂、昼锦堂、画帘堂、状元厅、南轩"，与金碧辉煌的秦祠相映衬。

天一阁为木构的二层硬山顶建筑，通高8.5米。底层面阔、进深各六间，前后有廊。二层除楼梯间外为一大通间，以书橱间隔。此外，还在楼前凿"天一池"通月湖，既能美化环境，又能蓄水防火。天一阁的建筑布局后来为其他藏书楼所效仿。乾隆皇帝南巡时，命人测绘天一阁房屋、书橱的款式，以此为蓝本，在北京、沈阳、承德、扬州、镇江、杭州兴建了文渊阁等七座皇家藏书楼以收藏《四库全书》。天一阁从此名扬天下。

如今，天一阁前有假山、水池、小桥、小亭等园林建筑，清幽雅静；在阁东，有白鹤亭，造型精巧；在阁后，有尊经阁和明州碑林，古色古香；在阁内，有大量的古今图书和天一阁创建人范钦的塑像，令人神往。

天一阁已经成为浙江省和宁波市一处重要的观光旅游胜地。

文澜阁

　　文澜阁位于浙江省杭州西湖孤山南麓的浙江省博物馆内。初建于清乾隆四十七年（1782），是清代为珍藏《四库全书》而建的七大藏书阁之一，也是江南三阁中唯一幸存的一阁。文澜阁是由杭州圣因寺后的玉兰堂改建而成的，建成于乾隆四十八年（1783）。改建的各项工费均由浙江商人捐办。

　　新中国成立以后，书阁经过多次修缮，面貌一新。文澜阁是一处典型的江南庭院建筑，园林布局的主要特点是顺应地势的高下，适当点缀亭榭、曲廊、水池、叠石之类的建筑物，并借助小桥，使之互相贯通。园内亭廊、池桥、假山叠石互为凭借，融为一体。主体建筑仿宁波天一阁，为重檐歇山式，共两层，中间有一夹层，实际上是三层楼。步入门厅，迎面是一座假山，堆砌成狮象群，山下有洞，穿过山洞是一座平厅，厅后方池中有奇石独立，名为"仙人峰"，是西湖假山叠石中的精品。东南侧有碑亭一座，碑正面刻有清乾隆帝题诗，背面刻由其颁发的《四库全书》上谕。东侧也有碑亭一座，碑上刻清光绪

帝题"文澜阁"三字。平厅前有假山一座，上建亭台，中开洞壑，玲珑奇巧。方池后正中为文澜阁，西有曲廊，东有月门通太乙分清室和罗汉堂。全部建筑和园林布局紧凑雅致，颇具

特色。

民国年间，于右任为图书馆题联时，写下了"翠接文澜阁，瑞映须弥山"的佳句。

文澜阁古建筑群原是清代收藏《四库全书》的皇家藏书楼。

文澜阁初建时，正值《四库全书》告成，当时先抄四部，分藏紫禁城文渊阁、圆明园文源阁、奉天文溯阁、热河文津阁"内廷四阁"。后乾隆皇帝因"江浙人文渊薮，允宜广布，以光文昭"，又命续抄三部，分藏扬州文汇阁、镇江文宗阁和杭州文澜阁，是为"江南三阁"。现江南三阁唯文澜阁及所藏《四库全书》存世，成为"东南瑰宝"。

文澜阁仿宁波天一阁形式，结构为六开间楼房，从外面看上去是二层，实际上是三层。顶层通作一间，取"天一生水"之意，底层六间，取"地六成之"之意。屋面重檐，背山轩立。阁前凿水池，中有克石耸立，名"仙人峰"。再前有御座房，有狮虎群假山一座，上建月台、趣亭，遥遥相对，假山中开洞壑，可穿越、可登临，结构玲珑奇巧。

大观楼

大观楼位于云南省昆明市城西的大观楼公园内，高耸于风景秀美的滇池岸边，是一座远近闻名的古代亭阁式建筑物。

根据历史文献记载，明代以前，现在的昆明大观楼所在的大观楼公园还是一片杂草丛生的湖滩，风景并不十分美丽。清初，人们开始在这里叠山造湖，养花种草，使这里变成了一处风光明媚的园林，由于这里紧靠滇池，离美丽的太华山又不远，而且又地处昆明城的西边，所以人们就把这片园林区称为"西华园"，也叫"进华园"。

从历史文献上看，大观楼始建于清康熙二十九年（1690）。那时的大观楼只有两层。道光八年（1828），人们重修了大观楼，并把它从两层增加到了三层。咸丰七年（1857），大观楼在战火中被毁。过了9年，到了同治五年（1866），大观楼才又得以重修。又经3年，大观楼的重修工程才宣告结束。这也就是我们今天所看到的大观楼。

大观楼耸立在一个椭圆形小岛的南端。楼高三层，平面为方形，十字攒尖顶，屋面上铺着黄色琉璃瓦。全楼结构精巧，布局和谐美观，是昆明市区一座著名的古代亭阁式建筑。

在大观楼内外，悬挂着许多横匾、对联和诗刻。在三楼内，挂着我国当代文学家郭沫若来此游览后写的《登楼即事》一诗。楼东有一块匾，上书"烟波世界"四个大字；楼西也有一匾，上书"波浪千层"四个大字。

大观楼下是茫茫的滇池。站在大观楼上远眺，金马山、碧鸡山、螳螂川、普渡河、盘龙江尽收眼底，令人倍感心旷神怡。

小故事

　　孙髯翁作大观长联，在民间传为佳话。传说，大观楼修成后，有群秀才在里面喝酒吟诗。一人道："远山淡淡美人妆，近水清清唱红娘。"秀才们齐声叫好。独有孙胡子斥之"肉麻"。接着又有一位道："西山颂尽圣贤诗，滇水总作帝王池。"孙胡子又哼鼻子："下贱。"人们要孙胡子做一联。孙胡子嘿嘿一笑，望望山水，不言不语。随即端起酒杯一饮而尽，吟出这千古名联：

　　五百里滇池，奔来眼底。披襟岸帻，喜茫茫空阔无边！看东骧神骏，西翥灵仪，北走蜿蜒，南翔缟素。高人韵士，何妨选胜登临，趁蟹屿螺州，梳裹就风鬟雾鬓；更苹天苇地，点缀些翠羽丹霞。莫辜负四围香稻，万顷晴沙，九夏芙蓉，三百杨柳；

　　数千年往事，注到心头。把酒凌虚，叹滚滚英雄谁在？想汉习楼船，唐标铁柱，宋挥玉斧，元跨革囊。伟烈丰功，费尽移山心力，尽珠帘画栋，卷不及暮雨朝云；便断碣残碑，都付与苍烟落照。只赢得几杵疏钟，半江渔火，两行秋雁，一枕清霜。

　　这副对联长达180个字，有"天下第一长联"之誉。上联描写大观楼四周的景物，下联追述云南历史，情景交融，意境深远。

云南建水朝阳楼

朝阳楼位于云南省建水县城中心临安路东端，原名"迎晖门"，也称"东门楼"，始建于明朝洪武二十二年（1389），至今已有600多年的历史，是祖国边陲古老军事重镇的象征。

唐元和年间，南诏政权在此处修筑土城，明洪武二十年（1387），设临安卫，在原来土城的基础上扩建成砖城，并在四座城门上各建楼三层，东门叫"迎晖门"（即朝阳楼），南称"阜安门"，西名"清远门"，北名"永贞门"。清顺治丁亥年（1647），南西北三城门均毁于战火，唯东门朝阳楼完好无损。

朝阳楼城门占地2312平方米，城墙从南至北长77米，从东至西宽26米。城门依地势筑于高岸，楼阁又起于两丈多高用砖石砌筑的门洞之上，楼层高24.5米，进深12.31米，面阔26.8米，五开间，三进间，为三重檐歇山顶。檐角飞翘、画栋雕梁、巍峨挺拔、气势雄伟。朝阳楼正面的顶层檐下，东面悬挂清代书法家石屏人涂日卓书写的"雄镇东南"巨匾，"雄镇东南"为清代云南著名的四大榜书之一，也是唯一幸存下来的榜书，每个字大小近2米，结构、笔力均冠绝于

世，笔力刚劲，极有气魄。西面悬摹唐朝草圣张旭"飞霞流云"狂草榜书，笔法龙飞凤舞，潇洒飘逸。楼上悬一明代大钟，高2米多，重3400斤，击之，数里外都能听见钟响。檐角挂有铜铃，铃声在清风中清脆悦耳。春夏交替的时节，万千只筑巢于檐下的紫燕绕楼飞鸣，呢喃之声不绝于耳，一片繁忙景象。城楼上木雕屏门雕镂精细、绮丽华贵，人物形象生动，透雕三层，堪称精品。有"雄踞南疆八百里，堪称滇府第一楼"的美誉。

朝阳楼用48根巨大的木柱支撑，分成六列阵势，每列各有8根，中间两列最粗大，直通三楼；其外两列木桩稍细，只通二楼；最外面两列柱围更小，仅支撑一楼屋檐。这种结构具有强大的抗震性能，故前人有《登东城楼》诗称赞道："形胜据荒陬，翻身近斗牛。东南几属国，今古一高楼。"600多年历史的朝阳楼，经历了无数的灾荒战乱，饱受50多次大小地震的侵害，其中有几次全城房舍都遭到严重损毁，尤其是清光绪十三年（1887）十一月初二的大地震。《建水县志》载："每震时地如雷鸣，人民簸荡如载覆，见东门城楼倾侧复起数次。"但东门楼却安然无恙。明朝洪武二十五年（1392）铸造的那高2米多、具有很高工艺水平的大铜钟，也完好无损地悬挂在古楼大梁上。

1954年，朝阳楼被列为云南省重点文物保护单位，是人民群众游览以及进行文化活动的中心。朝阳楼内收藏有珍贵历史书画1万多册，其中收藏有清朝八幅名画之一的《十八罗汉图》。

2006年5月25日，朝阳楼作为明代古建筑，被国务院批准列入第六批全国重点文物保护单位名单。

星拱楼

　　星拱楼，又叫文笔楼、钟鼓楼，位于云南大理巍山彝族回族自治县城内，始建于明洪武二十二年（1389），原为三重檐，后改为二层。现楼为重檐歇山顶，高16米，建于8.5米高的城墙之上，楼南侧悬"雄魁六诏"匾额，北侧悬"万里瞻天"。楼巍峨高耸，古朴浑厚，登楼可俯视巍山全城。

　　星拱楼毁于明末战乱，清代又重建。楼高11米，面宽三间，重檐歇山式建

筑。下层四周为围廊，上下层檐下均设斗拱，雕刻精美。门窗透雕，四角翘起，看上去古雅华丽，精巧美观。楼上四面悬挂的匾额为："瑞霭华峰""巍霞拥鹤""玉环瓜浦""苍影盘龙"。楼下台基建有券洞，东西南北四条街由此交叉通过。登楼四顾，只见古城青砖碧瓦与现代高楼相映生辉，城内人流如潮，一派生机勃勃的景象。

　　近几年，城建部门将原来的南街、北街、县医院门口的横街、十字街等拓宽，铺成水泥路面。又新修了西新街和东新街等街道，盖了很多楼房，对两座公园进行扩建整修，使古城青春焕发，欣欣向荣。

　　1994年1月，经国务院批准，巍山被定为第三批中国历史文化名城。城外还有巍宝山道观群、圆觉寺、玄龙寺、龙于图山、天摩耶寺等文物景点。

星拱楼是古代巍山城四大街（东街、西街、北街、南街）的交会点，现已成为国家级历史文化名城——巍山的标志性建筑。

星拱楼由木结构城楼与砖石结构基座两部分组成。基座面阔、进深均为18.7米，通高6.3米，基座为石砌，四向贯通，门洞作券顶。楼作亭阁式，为重檐歇山顶。面阔、进深均为9.75米，楼底层四周设廊，上、下四周皆置七彩斗拱，屋面四翼角飞檐高翘，弧度柔和，加之饰以高空花脊，使得整个建筑的外观秀丽飘逸、玲珑剔透。

楼的上檐北面悬挂"星拱楼"字匾，在下檐的东南西北四面分别悬挂"瑞霭华峰""巍霞拥鹤""玉环瓜浦""苍影盘龙"匾额，绘写了巍山四环的景色。1981年4月，巍山彝族回族自治县人民政府公布其为文物保护单位。

云南巍山拱辰楼

巍山拱辰楼为明代蒙化府北门城楼，位于云南大理白族自治州巍山县城，始建于明洪武二十二年（1389），原为三层，据《橡化志稿》记载：明洪武二十三年扩建的蒙化城"城周回四里三分，计九百三十七丈，高二丈三尺二寸，厚二文，砖垛石墙，垛头一千二百七十有七，垛眼四百三十，建四门，上树准楼。东曰忠武，南曰迎熏，西曰威远，北曰拱辰。北楼高三层，可望全城；下环月城，备极坚固，城方如印，中建文笔楼为柄。"永历四年（1650），北门拱辰楼改建为二层。楼建于高8.5米的砖石城墙上，楼为重檐歇山顶式建筑，由28根合抱大圆柱支撑底层，上层四周用了檐柱，立于下层的梁架上，楼房面宽五间28米，进深15.7

米，高16米。其四翼角出檐长，反翘亦小，一字平脊，楼下为城门洞，连通南北两条街。南面檐下高悬 "魁雄六诏"巨匾，为清乾隆三十六年（1771）蒙化府同知康勤书。北面檐下有"万里瞻天"巨匾，为乾隆五十年（1785）蒙化直隶厅同知黄大鹤书，二匾书法气势雄浑。整座城楼高大且俊秀挺拔。1996年进行维修，现保存完好。1988年，大理州人民政府公布其为文物重点保护单位。1994年，云南省人民政府公布其为省级文物重点保护单位。

拱辰楼南侧悬"雄魁六诏"匾额，

为清乾隆三十六年（1771）蒙化府同知康勤所书，北侧则悬"万里瞻天"匾，二匾书法气势磅礴，浑厚有力。登楼可俯视全城，整体建筑古朴浑厚。巍山是云南设置最早的郡县之一，是南诏国的发源地。

拱辰楼距今已有619年的历史，"在全国州、府城楼中堪称城楼一等"。也是国家级历史文化名城巍山的标志建筑。

拱辰楼建筑用料粗大，无斗拱及雕饰，上层四周使用了檐柱悬空立于下层梁架之上，使得上层面宽加大，加之屋面起山甚小，四翼角出檐长，反翘小，使得整个建筑古朴雄伟，简练浑厚，是云南省保存年代最早和最完整的古代城楼。1993年11月云南省人民政府批准公布拱辰楼为云南省文物保护单位。

真武阁

真武阁坐落在广西壮族自治区容县城东绣江北岸的一座石台上，建于明万历元年（1573）。登阁远望，隔着南岸广阔的平原，东南山岭巍然矗立，气势雄壮。楼阁本身高13.2米，加上台高近20米，也是周围区域内被观赏的对象。1982年被国务院定为全国重点文物保护单位。经略台始建于唐乾元二年（759）。著名诗人元结到容县都督府任容管经略使，在容州城东筑经略台，用以操练兵士，观览风光。明朝初年在经略台上建真武庙，明万历元年（1573）将真武庙增建成三层楼阁，这就是现在的真武阁。

真武阁是一座布局精巧、技术高超、风格独特的木构建筑物，显现出中华古代文明的建筑成就。真武阁有这样一个传说。古时候，人们非常迷信，他们住的地方也非常干燥，稍不留神，就会引起火灾，甚至造成严重的损失。由于起火多次，他们就开始怀疑是上天的火神与他们过不去。于是就修筑了真武阁赈灾。真武阁就这样建成了，并保留至今。

真武阁阁楼下有一座石台，被人们称作"古经略台"。阁楼平面为矩行，一共三层。

真武阁既是周围区域内被观赏的对象，也是人们旅游的最佳风水宝地。

真武阁的第二、三层比最底层（第一层）小很多，三重屋檐出挑深远而楼层特别低，比一般楼阁的出檐节奏更快，有一种强烈的韵律感以及动势，使得它在人们眼中不像是一种三层的建筑物，反而更像是一座雄伟的单层建筑，有三重屋檐特色。但是它又比一般重叠的屋檐建筑物更为娇小，更加从容，而且层次特别鲜明。

真武阁的屋坡舒缓流畅，角翘简洁，增加了其舒展大度的气概，非常清新飘逸，而且充分表现了中国建筑屋顶的美丽。真武阁不以浓丽华贵取胜，而是以轻灵素雅见长，灰黑色的铁黎木是不加任何油漆的典雅装饰，屋面为小青瓦上镶绿脊，色调极清雅柔和。

在二楼的四根内柱，柱脚悬空，离开楼面2～3厘米，更为奇特的是全阁柱脚不落地，而是搁在一个方形的沙盘上，这充分表现了我国古代劳动人民在建筑技术上的卓越才能！

400多年来，真武阁经历了多次地震与暴风雨的袭击，依旧岿然不动，安然无恙。真武阁主要依靠一种杠杆来维持建筑的平衡，这是在木质结构中极少见的。

真武阁还表现了中国人民在知识、科学、艺术精神上的完美结合。

真武阁结构之奇巧，举世无双。400多年来，真武阁经历了5次地震，3次特大台风，仍安然无恙。真武阁被誉为"天南杰构"，与岳阳楼、黄鹤楼、滕王阁合称江南四大名楼，是唯一一座没有进行重建而完整保留至今的名楼。俯首可见绣江粼粼波光、轻舟悠然来往，远眺则都峤山的巍峨雄姿仿佛就在眼

前。1962年，著名古建筑学家梁思成教授在亲自到容县详细
考察真武阁后，发表研究论文，将经略台真武阁杰出
的建筑艺术公之于世。无数专家、学者、游客纷
纷慕名前来研究、参观真武阁。华南工学院教
授、古建筑学家龙庆忠题词称赞道："天南
奇观"；全国人大常务委员会原副委员长费
孝通题词评价为"杠杆结构，巧夺天工"；著
名教授商承祚题词赞誉为"天南杰构"；美国教
授劳伦斯·泰勒题词称赞说："这座建筑表现了中
国人民在知识、科学、艺术精神上的完美结合。"经略台
真武阁的建筑体现了中国古代劳动人民的聪明才智。

广东普宁文昌阁

广东普宁文昌阁是清代抗英禁毒、虎门销烟钦差大臣林则徐病逝的旧址，在全市、全省、全国乃至国外的知名度都很高，也是普宁市文物保护单位，揭阳市、普宁市爱国主义教育基地。我国近代伟大爱国主义者、民族英雄林则徐1785年出生于福州，清道光三十年（1850）病逝于普宁。当时，林则徐作为钦差大臣，由福建至广西赴任，途经普宁驻分司分馆（文昌阁），由于身患重病，不幸溘然长逝。

文昌阁位于普宁故城洪阳城北，建于康熙六十年（1721），同治十一年（1872）重修，至今

仍保存完整，共三进九间二天井，坐北朝南，面阔13.97米，深57.6 米，地面铺红砖。中进大厅立四棱形巨石柱，木构架为抬梁式，屋顶是歇山顶。后进为三间（二房一厅）两层阁楼，面阔13.35米，深8米，阁楼高8.2米，重檐。建筑风格庄重、古朴、大方。

道光十九年（1839），林则徐受命为钦差大臣来广东查禁鸦片。他顶住清廷投降派的压力，坚决禁毒，严惩贩毒分子，焚销鸦片，大义凛然，并组织官兵抵御西方列强的武力进犯。林则徐忠正无私的高尚品质和大无畏的爱国主义精神彪炳史册，在海内外中华儿女的心中留下了不可磨灭的光辉形象。林氏忠魂归宿之处——普宁文昌阁，近年来，前来此地观访的各界人士络绎不绝。观访文昌阁，人们的心中自然而然会涌起对林则徐的虔诚敬意，以及对制毒、贩毒和侵略者的深恶痛绝。

1995年5月，在广东全省开展的一场禁毒的人民战争的日子里，来普宁检

查禁毒工作的广东省常委、政法委书记陈绍基在揭阳市市长、普宁市领导人的陪同下参观了这处旧址。1995年6月26日，普宁青少年禁毒誓师大会在文昌阁举行，进一步体现了禁毒英雄林则徐忠魂归宿处——文昌阁这一名胜古迹的爱国主义教育意义和历史意义。

林则徐忠正无私的高尚品质和大无畏的爱国主义精神，吸引着各界人士来此凭吊。

镇海楼

镇海楼位于广东省越秀山的山顶，建于明朝初年，迄今已有600多年的历史。当时倭寇不断侵扰我国沿海边陲，地方官员为了加强守卫，取"雄镇海疆"之意，在山顶修建了镇海楼。镇海楼高28米，宽约30米，分5层。楼顶及各层挑檐均为琉璃瓦盖，下面两层的围墙用红石砌建。过去，这里是封建官僚、军阀宴游作乐的地方，现已辟为广州博物馆，陈列着从古至今的广东陶瓷器。镇海楼历经多次修葺，1928年重修时，将木结构的楼板和柱改为钢筋混凝土式。镇海楼两旁有长约170米的明代古城墙。

镇海楼坐落在越秀山的小蟠龙冈上。该楼又名"望海楼"，因当时珠海河道甚宽，故将"望江"变为"望海"。又因楼高五层，故又俗称"五层楼"。楼前碑廊有历代碑刻，右侧陈列有12门古炮。

明洪武十三年（1380），永嘉侯朱亮祖扩建广州城时，把北城墙扩展到越秀山上，同时在山上修筑了一座五层楼以壮观瞻，此即镇海楼。镇海楼历史上曾五毁五建，1929年成为广州市市立博物馆。1950年改名"广州博物馆"，分朝代陈列广州城2000多年发展史上的文物资料。

镇海楼是广州的标志性建筑之一，为广东省级文物保护单位。全楼高25米，呈长方形，面阔31米，进深16米。下面两层围墙用红砂岩条石砌造，三层以上为砖墙，外墙逐层收减，

有复檐5层，绿琉璃瓦覆盖，饰有石湾彩釉鳌鱼花脊，朱红墙绿瓦砌成，巍峨壮观，被誉为"岭南第一胜览"。

镇海楼气宇非凡，被誉为"岭南第一胜景"，先后以"镇海层楼"和"越秀层楼"列为清代和现代的羊城八景之一。清末的楹联："万千劫危楼尚存，问谁摘斗摩星，目空今古；五百年故侯安在，使我凭栏看剑，泪洒英雄。"至今仍悬挂于顶层。

数百年来，诗人、政客每登其上，皆感慨万千，有关镇海楼的名人诗作甚是丰富，教人叹为观止，主要有咏迹怀古、抒怀咏志两个题材。

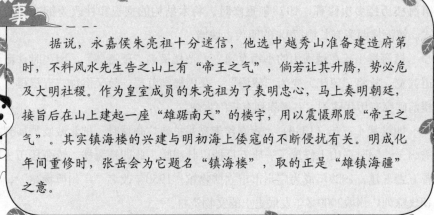

小故事

据说，永嘉侯朱亮祖十分迷信，他选中越秀山准备建造府第时，不料风水先生告之山上有"帝王之气"，倘若让其升腾，势必危及大明社稷。作为皇室成员的朱亮祖为了表明忠心，马上奏明朝廷，接旨后在山上建起一座"雄踞南天"的楼宇，用以震慑那股"帝王之气"。其实镇海楼的兴建与明初海上倭寇的不断侵扰有关。明成化年间重修时，张岳会为它题名"镇海楼"，取的正是"雄镇海疆"之意。

台湾赤崁楼

赤崁楼位于台南赤崁街，始建于南明永历七年（1653），这一时期的建筑反映了西方城堡式的建筑风格。

赤崁楼建筑的一次重大改变是在清同治、光绪年间。由于同治元年（1862）的大地震，荷兰式楼房被震塌，只剩下下面的城台基础，佛教信徒们在台上建了一个供奉观音的大士殿。光绪十年（1884）法军侵犯台湾时，刘铭传为了根绝敌人的借口，便下令知县将城台上残存的荷兰人所建的洋楼痕迹全部拆除。

郑成功攻复台湾后，曾经改普罗民遮城为"东都承天府"，并以赤崁楼做为全岛最高的行政机构，隔台江与今安平古堡相对，具有极高的历史价值与文化价值。

自荷据时代、郑氏治台时期至清朝康熙年间，由于天灾战乱，赤崁楼除城垣外，皆已倾颓；到了光绪五年（1879），中国式传统亭台楼阁在原有基座上慢慢取代了原有的荷式城堡建筑，大士殿、蓬壶书院、五子祠、海神庙、文昌阁都在此时出现，之后再经风灾毁坏。日本人重新修建以后，赤崁楼改为陆军卫戍医院，到了1935年，赤崁楼被指定为重要的历史遗迹。光复后，几经整修，人们将原有的木制构造改为钢筋混凝土结构，将主要入口由西向改为南向。民国时期，人们在旧址

的地基上修建了文昌阁、海神庙及蓬壶书院，加上台南市历史博物馆，逐渐形成了今日的规模。

现在的赤崁楼已经完全看不出当年荷兰人所建的"普罗民遮城"的痕迹，文昌阁与海神庙两座红瓦飞檐的中国传统建筑是赤崁楼的标记，海神庙位于南面，文昌阁位于北面，二者的屋顶均是重檐歇山式，重檐之间实为二楼部分，绕以绿釉花瓶栏杆；文昌阁前的石马后方有一个门洞，就是当年普罗民遮城的大门；目前赤崁楼分三层，楼上以砖石砌成，有曲折的通道；楼上飞檐雕栏，赤崁城楼下有九只大石龟各自背负着长3米余的石碑，是乾隆亲自撰写旌表平定林爽文之乱的御碑。此外还有从别处迁来的断足石马、郑公墓道碑等古物，颇为特别。

另外，赤崁楼还拥有广阔的庭园，除了可供游人散步以外，庭园中还摆设了多项历史文物，其中最引人注目的就是一字排开的御龟碑，驮着碑的其实并不是龟，而是龙王的九个儿子之一，名为"赑屃"，传说它善驮重物，因此常被用来做为碑的底座。